편의점을
털어라!

편의점을 털어라! 지리편

이재은 글·왕지성 그림·문경수 감수

북멘토

제주도 수월봉 해안가로 아이들과 함께 탐험을 간 적이 있습니다. 화산 폭발 이후 침식 과정을 거치면서 화산의 퇴적 구조를 볼 수 있는 화산 쇄설층이 눈앞에 드러난 특별한 장소입니다. 아이들에게 화산 쇄설층을 설명했지만 낯선 화산학 용어가 등장하자 이내 표정이 굳어졌습니다. 그 순간 초코파이를 먹고 있던 아이가 보였고, '초코파이를 한 입 베어 먹으면 파이의 단면이 보이는 것처럼 파도가 화산을 침식해서 보이는 것이 화산 쇄설층'이라고 말하자 비로소 '아하'라는 탄성이 쏟아졌습니다. 지리학은 설명만 들어서는 선뜻 이해하기가 어렵습니다. 지구의 모습은 시시각각 변하고, 그 흔적도 점점 사라지기 때문입니다. 그래서일까요. 지리학자들은 지리학을 비유의 학문이라고 말합니다. 지구의 구조를 설명할 땐 지구 모양 케이크의 단면을, 판구조론을 설명할 땐 퍼즐 조각을, 태양계 행성의 크기를 설명할 땐 앵두부터 수박까지 과일에 빗대어 설명합니다. 익숙한 일상 속 물건들에 비유해 개념을 설명하면 기억에 오래 남기 때문입니다.

이런 점에서 보면《편의점을 털어라-지리편》은 지리학의 주요 개념을 친근하게 이해하는 기발한 방법이라고 생각합니다. 편의점에서 파는 먹거리들의 재료는 어느 지역에서 생산되는지, 왜 그 지역에서 생산되는지와 같이 꼬리에 꼬리를 무는 질문과 설명을 듣다 보면 마치 편의점이 아닌 자연사 박물관을 탐험하고 있는 기분이 들지 않을까요? 지리학은 상상력이 중요한 학문입니다. 자연이 남긴 퍼즐 조각을 하나씩 맞춰 가면서 지구의 과거와 미래의 모습을 상상해 보고 우리 주변 환경이 어떻게 만들어졌는지 이해할 수 있습니다. 매일매일 GG편의점에 가서 지덕희 점장님과 함께 지구의 다양한 장소로 탐험을 떠나 본다면 우리가 사는 지구를 더 잘 보호할 수 있는 방법을 찾을 지도 모릅니다. 지리학은 기후 변화, 산림 파괴, 환경 오염 같은 문제를 이해하고 해결하는데 도움이 되니까요.《편의점을 털어라-지리편》시리즈를 통해 여러분의 호기심이 쑥쑥 커지길 바랍니다. 이 책을 통해 지구를 이해하는 즐거움과 소중한 가치를 발견하길 기대할게요.

문경수(과학 탐험가, 화성모의훈련기지(MDRS) 아날로그 우주 비행사)

생무화과를 처음 먹어 본 건 성인이 되고도 한참 지난 다음이었어요. 남쪽 지방이 고향인 친구가 시장에서 사 왔다면서 맛이나 보라며 무화과 몇 알을 건네주었지요. 책에서나 보던 무화과를 시장에서 판다는 게 신기해서 놀라니, 그 동네에선 너무 흔한 과일이고 마당에 무화과나무가 있는 집도 많다고 하면서 친구가 더 놀라더라고요.

무화과는 따뜻한 기후와 햇볕을 좋아하는 과일이라 우리나라에선 주로 남부 지방에서 재배해요. 수확한 후에 금방 물러 버리는 과일이라 제가 사는 서울까지 가져다 팔기 힘들었어요. 지금이야 저장·운반 기술이 발전해서 편의점에서도 먹어 볼 수 있는 과일이 됐지만요. 그렇게 크지 않은 땅인 우리나라에서도 지리에 따라서 잘 자라는 작물이 다르고, 쉽게 먹을 수 있는 음식이 다르다는 게 실감 나게 와닿은 사건이었어요.

우리나라 안에서도 이렇게 다른데, 세계로 눈을 넓히면 어떨까요?

지구는 넓고, 위치에 따라 각기 다른 자연환경이 펼쳐집니다. 위치와 지형, 환경에 따라 기후도 다릅니다. 그런 환경에 맞게 다양한 생물이 있어요. 그 속에서 사람들은 저마다의 문화를 만들며 살아왔습니다. 그리고 자신들의 문화를 나누고 발전시키면서 현재에 이르렀어요.

편의점은 문화가 모여 있는 곳, 부담 없이 오가며 자주 들를 수 있는 곳, 어린이들도 쉽게 찾아갈 수 있는 곳입니다. 편의점에서 만날 수 있는 다양한 상품 속에는 전 세계인의 문화와 그 문화를 만들어 낸 지리 정보가 숨어 있어요.

오래전 친구가 건네준 생무화과를 먹으며 지리에 대해 깨달았던 제 경험처럼, 하굣길에 오가며 들르는 편의점에서 쉽게 지리에 대해 알게 되었으면 좋겠다는 생각으로 이 책을 썼습니다. 편의점에서 삼각 김밥을 먹듯 간편하고 맛있게, 지리 지식이 쏙 흡수되었으면 좋겠어요.

지리에 미친 자, 지덕희 점장님과 함께 GG편의점으로 떠나 볼까요?

편의점 속 지리 이야기를 사랑하는 작가

이재은

차례

프롤
로그

신장개업! GG편의점

"할머니, 같이 나가요. 심심해요."

나는 학교에서 돌아온 뒤 할머니를 졸랐다.

"에휴, 할미는 평생을 바닷가에 사니 바다는 쳐다보기도 싫다니께. 해솔이 너나 한 바퀴 돌고 저녁 먹기 전에 들어와."

"치! 알았어요."

할머니께는 삐친 척 심통을 부렸지만 혼자 나서는 길도 나쁘지 않다. 조각한 것처럼 기묘한 무늬로 솟은 절벽 아래로 세찬 파도가 부서지는 풍경은 언제 봐도 좋다. 바다를 보며 가슴을 활짝 펴고 기지개를 켰다. 고개를 돌려 절벽 끝을 바라보면 하늘과 가깝게 맞닿은 곳에 큰 소나무 한 그루가 있는데…….

　이상하다. 분명 어제까지만 해도 나무 옆엔 아무것도 없었는데 갑자기 웬 건물이 생겼다. 벽이 유리로 되어 있었고, 사람이 사는 집이라기보다는 가게처럼 보였다. 나는 주머니를 뒤적여 망원경을 꺼냈다. 평소에 멀리 있는 풍경을 관찰하는 걸 좋아해서 늘 망원경을 챙기는데 이렇게 유용할 줄이야. 망원경 렌즈 속에 건물에 붙은 간판이 보였다.

　'지지…… 편의점? 편의점이라고? 우아!'

　인적이 드문 이곳에, 그것도 절벽 끝에, 왜 편의점을 차린 건지 영문은 모르겠지만 편의점이 생긴 건 정말 기쁜 일이다. 평소에 편의점을 가려면 왕복 두 시간 거리에 있는 읍내까지 나가야 했기 때문이다. 나도 모르게 펄쩍펄쩍 뛰고, 어깨춤이 절로 났다.

나는 절벽을 향해 전속력으로 뛰었다. 편의점 앞에 섰을 땐, 다리가 후들거리고 숨이 차 말도 못 할 지경이었다. 일단 숨을 몰아쉬며, 편의점 출입문 유리창에 얼굴을 바짝 갖다 대고 이리저리 살펴봤다. 평소 편의점에 자주 가진 않았지만, 읍내에 나갈 때마다 꼭꼭 들렀었다. 그동안 봐 왔던 편의점에서는 과자는 과자끼리, 음료수는 음료수끼리 모여 있는데 이 편의점은 어딘가 어수선했다.

'아직 오픈 준비 중인가 보네.'

발길을 돌리려는데 어디선가 바람이 횡하니 불어왔다. 편의점 쪽에서 덜커덩 소리가 났다. 뒤돌아보자, 편의점 유리문이 열리더니 안에서 누군가 나왔다. 허리까지 내려오는 긴 생머리에 카키색 멜빵바지를 입은 여자였다. 바람이 불자 여자의 머리칼이 이리저리 흩날렸다. 여자는 바람을 가르며 내게 다가와 말했다.

"뭐 해? 안 들어오고?"

"네?"

"들어오려고 구경한 거 아니었어?"

"아니, 구경이 아니라……. 그냥 본 건데요?"

"그게 구경이지 뭐야? 어서 들어와."

여자는 들어오라는 손짓을 하며 앞장섰다. 묘한 카리스마에 눌려 거절할 기회를 놓쳐 버렸다. 쭈뼛쭈뼛 뒤따라 들어간 순간, 편의점

문이 닫히더니 안내 음성이 나왔다.

"GG편의점에 오신 것을 환영합니다. 이용자 여러분께서는 규칙을 준수하시어 보람찬 시간이 되시길 바랍니다."

규칙? 두리번거리며 주변을 살펴보니 입구 유리창에 붙은 광고 포스터 사이에 자리 잡은 이용 규칙이 보였다.

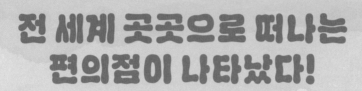

전 세계 곳곳으로 떠나는 편의점이 나타났다!

1,000포인트 달성 시 특별한 여행이 시작됩니다.

글이 뒤죽박죽 쓰여 있어 한눈에 들어오지 않았다. 그중에서 '특별한 여행'이라는 글자만 확대한 것처럼 눈에 띄었다. 포인트를 모으면 여행을 갈 수 있다고? 여행을? 여행을 가 본 지가 언제였는지 기억조차 나지 않는다. 가슴이 두근거렸다.

안내문에서 눈을 떼고 돌아보니 어느새 점장님이 편의점 카운터에 자리를 잡고 서 있었다.

첫 번째

참치마요
삼각 김밥의 비밀

대륙 1 **아시아** | 대양 1 **태평양**

"어서 오세요. 손님. 무엇을 드릴까요?"

점장님은 조금 전 차가웠던 모습과는 달리 따뜻한 미소를 지으며 말했다.

무엇을 드릴까요? 딱히 뭐가 필요해서 들어온 건 아니었는데……. 나는 급히 편의점을 둘러보았다. 편의점 안 6개의 진열대 위로 각각 대륙 이름이 써 있었다.

감자칩과 아이스크림이 냉동고에 함께 들어가 있었다. 바깥 선반에 두어도 되는 통조림은 냉장 코너에 있었다. 억지로 공간을 6개로 분류하느라 자리가 없어 냉동고에 감자칩이 들어가는 사태가 벌어진 것이 분명했다. 구역을 왜 대륙 이름으로 나눈 걸까? 머릿속에 물음표만 늘어 가고 있는데 정적을 깨는 소리가 들렸다.

"꾸룩꾸룩, 꼬르륵."

맙소사, 내 배 속에서 나는 소리였다.

"배고프니? 그럼 요기할 수 있는 걸 고르지 그래?"

점장님이 기다렸다는 듯이 말했다. 냉장 코너를 살펴보니 삼각 김

밥이 눈에 띄었다. 그중에서도 내가 제일 좋아하는 참치마요 삼각 김밥이 보였다. 한 달 전쯤 할머니와 편의점에 갔을 때 삼각 김밥의 양대 산맥, '전주비빔밥이냐, 참치마요냐'를 고민하다가 결국 전주비빔밥을 선택했기 때문에 이번엔 무조건 참치마요를 먹을 생각이었다. 참치마요를 향해 반갑게 손을 뻗으려는 순간이었다.

"잠깐!"

날카로운 고음의 목소리가 쩌렁쩌렁 울렸다. 화들짝 놀라 뒤돌아보니 점장님이 매서운 눈초리로 날 째려보고 있었다.

"이용 규칙 안 보셨나요? 먼저 원하는 상품을 주문하세요."

주눅이 든 나는 쭈뼛쭈뼛 카운터로 다가가 말했다.

"참치마요 삼각 김밥 하나 주세요."

점장님은 포스 기계에 타닥타닥 무엇인가를 입력하고는 만족스러운 표정으로 나를 바라보며 말했다.

"접수되었습니다. 참치마요 삼각 김밥을 고른 당신은 아시아·태평양의 지리를 알고 싶으시군요?"

아시아? 태평양? 딱히 그곳 지리를 알고 싶은 생각은 없었는데…….

계산대에서 나온 점장님이 손가락을 탁 튕기자, 갑자기 편의점 조명이 꺼졌다.

'정전인가? 아니면 동작 인식 센서인가?'

뒤이어 한 번 더 손가락을 튕기는 소리가 나자, 내가 삼각 김밥을 꺼내려고 했던 구역에만 전등이 켜졌다. 이어서 천장에 달린 화려한 작은 전구가 반짝반짝하더니 벽에 숨겨져 있던 **아시아·태평양** 간판이 튀어나왔다.

동시에 노랫소리가 들리기 시작했다. 애니메이션 주제가로 들던 일본 노래가 나오다가, 짧은 영상에서 많이 들어 본 중국 노래가 나왔다가, 최신 K팝까지 울려 퍼졌다. 천장에 있던 알록달록한 조명들이 돌아가면서 편의점은 갑자기 파티장처럼 변했다.

점장님이 음악 소리에 맞춰 몸을 흔들며 전등이 켜진 아시아·태평양 구역으로 향했다. 신나게 춤추다 그 앞에 멈춰 선 점장님은 내가 고른 삼각 김밥을 꺼내 들고 높이 치켜든 다음 리듬에 맞춰 갑자기 랩을 하기 시작했다.

"편의점 대표 음식, 삼각 김밥! 그중에서 베스트 상품은 바로 참치마요! 예! 세 가지로 이뤄졌지! 김! 밥! 그리고 참치! 이 모든 게 다 아시아·태평양 대표 음식! 예!"

랩을 마친 점장님은 앞에 놓인 매대 선반을 잡아 빼서 테이블을 만들고는 그 위에 삼각 김밥을 올려놓고 해체하기 시작했다. 삼각형으로 접혀 있던 네모난 김과 삼각형 모양으로 뭉쳐진 밥으로 분리한 다음, 밥을 반으로 갈라 안에 있는 참치가 보이도록 했다.

그렇게 다 풀어헤치면 맛이 없는데……. 요기할 걸 고르라고 해 놓고 왜 내 허락도 없이 삼각 김밥을 분해하는 거지?

"저, 점장님? 주문한 삼각 김밥은 먹을 수 있는 거죠?"

"그럼요. 하지만 주문한 상품에 대한 지리 정보를 다 알게 된 후에 먹을 수 있습니다."

"아, 꼭 그래야 해요? 지리 정보는 어떻게 알 수 있는데요?"

"손님께선 그저 가만히 기다리시면 됩니다. 지리에 관해서는 제가 다 떠먹여 드릴 테니까요."

점장님이 도도한 표정으로 나를 내려다보며 말했다.

"이 삼각 김밥이 왜 아시아·태평양 코너에 있었을까?"

반말로 하는 갑작스러운 질문에 나는 눈을 껌뻑거렸다. 점장님은 대답을 기대하지도 않았다는 듯이 말을 이었다.

"지구에서 김을 상품으로 생산하는 나라는 한국, 중국, 일본밖에 없거든. 김이야말로 아시아 대표 상품이지."

"생각해 보니 서양 요리 중에 김이 들어간 음식은 못 본 것 같아요. 중국하고 일본이면 둘 다 우리나라 주변 나라들이네요?"

나도 모르게 맞장구를 치고 있었다.

"왜 우리나라 주변에서만 김을 생산할까? 한국에서 김을 가장 많이 생산하는 완도 지역을 예로 들어 볼까? 그곳은 기온이 따뜻하고

밀물과 썰물의 차가 크지 않은 얕은 바다야. 다시마, 김, 미역 같은 해조류를 기르기에 아주 좋은 환경이지. 바다를 접하고 있는 한·중· 일 동아시아 지역은 이런 특성 때문에 김을 양식하게 됐을 거야.”

점장님은 김을 찢어 내 입에 넣어 주며 말했다.

“먹어 봐.”

맨날 먹는 김이 뭐 별거 있나? 배 속에선 계속 꼬르륵대는데 삼각 김 밥이나 빨리 주지. 그런데……, 어? 맛있다! 정말 정말 맛있다! 이런 김 맛은 열두 살 인생에서 처음이야!

“이거 뭐예요? 김이 왜 이렇게 맛있어요?”

“최고의 점장인 지덕희가 있는 GG편의점에서 아무거나 팔 수 없 지! 내 자존심이 걸린 일이라고. 우리나라에서 나는 최고급 김을 선별 해 왔어. 특히, 우리나라 남해에는 섬이 아주 많은데 이 섬들 사이에 김 양식장이 있어. 섬들이 거친 파도를 막아 주면서 김이 잘 자라게 해 주거든. 김을 생산하기에 정말 좋은 지리 조건이지. 그런 조건 속에서 생산하고 깨끗하게 잘 말린 최고급 김이 바로 네가 먹은 김이란다.”

“오, 역시 최고급 김이었어!”

“한국에서 김은 밥에 싸 먹는 ‘반찬’이지만 해외에서는 바삭바삭 과 자로 먹는 경우가 더 많대.”

“맨김만 먹어도 맛있었으니까 그럴 만하네요.”

얇은 김 조각이 이렇게 맛있는데 그렇다면 밥은 얼마나 맛있을까? 다음으로 밥 먹을 생각을 하니 군침이 돌았다. 배에서 꼬르륵 소리가 다시 나기 시작했다. 하얀 쌀밥에 맛있는 참치마요를 얹어 먹을 생각을 하며 입맛을 다셨다. 그런데 점장님은 삼각형으로 뭉쳐진 밥 뭉치에서 양념이 없는 부분만 떼어 내게 내밀었다.

"이게 뭐예요? 맨밥만 먹으라고요?"

나도 모르게 큰 소리로 외쳤다. 배고프니 예민해진다.

"앗, 깜짝이야! 왜 큰 소리를 치니? 일단 GG편의점에 들어왔다면 마음을 좀 느긋하게 가지라고. 최고의 참치마요 삼각 김밥은 조금만 기다리면 맛볼 수 있으니까 일단 밥맛부터 보는 게 어때? 아시아는 물론, 세계에서 벼농사를 가장 잘 짓는 우리나라에서 생산한 쌀로 지은 밥이니까 맛이 정말 좋단 말이야."

점장님 말이 맞을지도 몰라. 진짜 맛있는 쌀은 맨밥만 먹어도 맛있다고 했어. 나는 아기 새처럼 순순히 입을 벌렸다. 점장님이 밥을 입 안에 쏙 넣어 주었다. 나는 오물오물 밥맛을 음미했다. 구수한 풍미를 풍기며 밥알이 입안에서 흩어졌다. 씹을수록 달큼한 밥물이 입안에 가득 찼다. 맨밥은 이런 맛이구나. 하지만 김을 먹었을 때만큼 감동은 없었다. 나는 시큰둥하게 말했다.

"밥은 그냥 밥맛인데요?"

"그럼 뭐 밥에서 꿀맛이라도 날 줄 알았어?"

"치, 세계 최고라길래 기대했잖아요. 그런데 정말 우리나라가 세계에서 쌀농사를 제일 잘 지어요?"

"일단 세계 전체에서 벼를 키우는 면적을 살펴보면 90% 이상이 아시아에 있지. 아시아를 대표하는 작물이 벼라고 할 수 있어. 벼를 재배하는 면적을 나라별로 순위를 매겨 보면, 인도, 중국, 인도네시아가 1, 2, 3등이고 우리나라는 남북한을 다 합쳐도 10위권 밖이야."

"에이, 10등 안에도 못 든다고요? 쌀농사를 젤 잘 짓는다더니 거짓말이었어요?"

"조금만 더 들어 봐. 쌀을 가장 많이 생산하고 있는 나라는 중국이고, 그 다음이 인도야."

"이번에도 1등이 아니네요."

"1등이 다가 아니라고! 우리나라는 제일 넓은 논을 갖고 있지도, 제일 많은 쌀을 생산하지도 않지만, 한 헥타르당 생산하는 쌀의 생산량이 4.5톤 정도로 전 세계에서 가장 많아. 이건 인도나 태국, 베트남보다 두세 배가 넘는 수치야. 대단하지?"

"아, 우리나라 농부들이 쌀 기르는 능력이 최고란 얘기군요. 우리나라는 인도나 중국보다 훨씬 작으니까 기르는 면적이나 생산량은 질 수밖에 없겠어요."

"제대로 이해했구나. 제법인데? 그런데 네 이름이 뭐니?"

"해솔이요."

"음, 해솔이, 그럼 GG편의점에서 빼놓을 수 없는 지리 이야기를 조금 더 해 볼까? 쌀은 중국의 양쯔강 유역에서 처음 재배됐다고 해. 최초의 논이 이곳에서 생겨난 게 다 이 지역의 지리 때문이란다."

"수많은 강이 있는데 왜 하필 양쯔강에서 시작됐을까요?"

"좋은 질문이야. 양쯔강 근처에는 젖은 땅이 많았거든. 이런 지형에서 다른 곡식은 잘 자라지 않았지만, 볍씨는 신경을 많이 쓰지 않아도 잘 자랐어. 벼는 물속에서 키워야 잘 자라거든."

"맞아요. 모내기하는 장면을 본 적 있는데, 물이 찰랑찰랑 차 있는 논에 모종을 심더라고요."

"동남아시아 지역은 '몬순'이라 불리는 계절풍 기후 지역이야. 비가 많이 내리면서 햇볕도 충분히 내리쬐지. 벼를 거두는 계절에는 건조하기 때문에 벼농사에 딱 맞았어. 양쯔강에서 최초의 논이 생긴 건 어찌 보면 자연스러운 일이었어. 양쯔강처럼 아시아에는 캄보디아 메콩강이나 미얀마 이라와디강, 태국의 짜오프라야강처럼 큰 강 옆에 젖은 땅이 넓게 펼쳐진 지역이 많았어. 우리나라도 한강, 낙동강처럼 큰 강 주변으로 논농사가 발전했지."

점장님 이야기를 듣는 동안 입안에서 오물대던 맨밥이 흔적도 없이 사라졌다. 드디어 참치마요를 만날 차례인가! 난 입맛을 다시며 말했다.

"참치마요는 좀 짤 것 같은데 밥이랑 같이 먹으면 안 될까요?"

"아, 넌 먹을 생각뿐이구나. 잠깐 기다려 봐."

점장님은 카운터 뒤편, 창고 입구처럼 보이는 하얀 문을 열고 들어갔다. 잠시 뒤 나온 점장님 손에는 펄떡이는 생선이 들려 있었다.

"진짜 싱싱하지? 태평양에서 갓 잡아 올린 참치야."

이마에 땀이 송골송골 맺힌 점장님의 뿌듯한 표정이 마치 직접 배에서 참치를 잡은 사람이라도 되는 것 같았다. 나는 아직도 힘이 넘치는 참치에서 살짝 물러난 채로 말했다.

"설마 이걸 먹으라는 건 아니죠?"

"왜 아니겠어? 갓 잡은 참치가 얼마나 맛있는데, 잠깐만 기다려 봐. 내가 금방 회를 쳐서……. 으악!"

테이블 위에 참치를 내려놓자 펄쩍 뛰어오른 참치가 그대로 바닥으로 추락했다. 바닥에서 이리 뒹굴 저리 뒹굴 하는 참치를 보면서도 점장님은 겁에 질려 다가가지 못했다.

"생참치는 나도 오늘 처음이야……. 어떡하지?"

어떡하긴요. 그걸 나한테 물어보면 어떡해요. 내가 발을 동동 구르는 사이 점장님은 결심했다는 듯 바둥거리는 참치에게 달려들었다. 그러고는 가까스로 참치를 끌어안고 다시 하얀 문으로 향했다.

"어디 가요! 저도 가면 안 돼요?"

"어허! 너는 아직 여기 들어오려면 한참 멀었어. 포인트도 아직 다 못 모았잖아. 잠깐만 기다려 봐. 금방 올게."

아리송한 말을 남긴 채 하얀 문을 닫고 사라진 점장님은 잠시 뒤 참치 통조림을 손에 들고 나타났다.

"참치마요 삼각 김밥에 들어가는 건 생참치가 아니니까, 이걸로 충분할 것 같아."

"펄떡이던 참치는 어디 갔어요?"

"너는 아직 그 비밀을 알 때가 아니야."

점장님이 통조림을 땄다. 기름에 절인 뽀얀 참치살이 보였다. 그냥 먹어도 맛있을 것 같아 침을 꼴깍 삼켰다. 점장님은 통조림에 담긴 참치 살을 젓가락으로 들어, 내 입에 쏙 넣어 주며 말했다.

"자, 오대양 중에 가장 큰 바다인 태평양의 대표 어종, 참치를 소개합니다."

"오대양이 뭐예요? 다섯 개의 큰 양?"

참치를 오물거리며 내가 묻자 점장님이 손가락을 탁 튕겼다. 공중에 홀로그램으로 한자가 떠올랐다.

"양은 해양을 뜻해. 한자로는 '洋', 큰 바다 양 자를 쓰지. 사실 지도나 지구본을 보면 알겠지만 지구의 모든 바다는 이어져 있어. 하지만 지역에 따라서 바다를 크게 다섯 구역으로 나누어서 '오대양'이라고 부르고 있지. 오대양은 태평양, 대서양, 인도양, 북극해, 남극해야."

"어? 왜 북극해, 남극해는 양이 아니에요?"

"'양'이란 말을 붙일 만큼 다른 바다에 비해서 크지 않거든. 자, 그러면 드디어 참치마요 삼각 김밥을 먹어 볼 차례인가?"

"정말요? 이제 진짜로 먹는 건가요?"

나는 삼각 김밥으로 손을 뻗었다. 하지만, 점장님이 내 손목을 잡더니 아래로 내려놓았다.

"잠깐! 안내문을 제대로 읽은 거 맞아? GG편의점에 발을 들인 이상, 퀴즈를 풀어서 포인트를 받아야 해. 오늘은 특별히 첫날이니까 퀴즈를 맞히면 삼각 김밥 두 개 줄게."

"아이참. 그럼 빨리 내 보세요."

◈ **GG편의점 퀴즈 1** ◈

2021년부터 한국산 농·수산물 수출 품목 중
1위를 차지하고 있는 상품은 무엇일까요?

① 참치 ② 한우 ③ 김 ④ 김치

점장님과 나 사이에 홀로그램 모니터가 뜨더니 퀴즈가 나타났다.

이런 건 과학 수사를 해야 해. 분명히 오늘 얘기한 상품과 관련 있는 게 정답일 확률이 높단 말이야. 참치와 김 중의 하나일 텐데……. 참치는 태평양에서 많이 잡힌다고 했으니까…….

"정답은, 3번! 김이요!"

"오! 맞았어. 대단한걸. 삼각 김밥 주문 100포인트와 퀴즈 정답을 맞췄으니 500포인트. 합해서 600포인트 적립!"

"그럼, 저 이제 삼각 김밥을 먹을 수 있는 건가요?"

점장님은 영롱하게 빛나는 참치마요 삼각 김밥 포장지를 손수 벗겨서 나에게 내밀며 말했다.

"GG편의점에 온 걸 환영해. 자, 세상에서 가장 맛있는 참치마요 삼각 김밥이야."

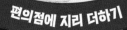

가장 많은 사람이 사는 아시아

아시아는 지구에서 가장 넓고 인구가 많은 대륙이야. 면적은 44,579,000㎢로 지구 전체 면적의 9% 정도를 차지해. 2020년 기준으로 전 세계 인구의 약 60%가 거주하지. 지구 전체를 5대양 6대륙으로 나누는데, 6개의 대륙 중 가장 많은 사람이 사는 곳이기도 해.

동아시아, 남아시아, 동남아시아. 서아시아, 서북아시아, 중앙아시아, 북아시아로 나눠 부르는데 우리나라는 동아시아에 속하지.

아시아에는 지구에서 가장 높은 산인 에베레스트산이 있고, 지구에서 가장 큰 호수 카스피해가 있어. 땅도 정말 넓어. 끝이 보이지 않는 너른 땅 몽골 초원과 평균 고도가 4,500m가 넘는 티베트 고원도 있지.

▲ 아시아에서 가장 높은 산 에베레스트

바다를 접한 곳에는 바다 쪽으로 돌출된 형태의 땅인 반도들이 있는데, 우리나라도 그중 하나야. 일본, 필리핀, 인도네시아는 크고 작은 섬으로 이루어져 있지.

아시아 기후는 적도 위쪽부터 북극 바로 아래까지 넓게 펼쳐진 위치와 다양한 지형 때문에 한대, 냉대, 온대, 아열대, 열대, 고산 기후, 건조 기후(사막)까지 정말 다양해. 그래서 지구에서 가장 다양한 동식물이 사는 곳이기도 해. 호랑이, 판다, 반달곰은 다른 대륙에선 찾아보기 힘든 동물이지.

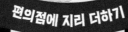

지구에서 가장 큰 바다, 태평양

태평양은 서쪽으론 유라시아, 동쪽으론 아메리카, 남쪽으론 오세아니아 등의 대륙에 둘러싸여 있는 커다란 바다야. 오대양 중에 제일 커서 지구 면적의 3분의 1정도이고, 세계 바다 면적의 반을 차지해. 지구상 모든 대륙을 합친 것보다 넓어. 적도를 기준으로 북쪽을 북태평양, 남쪽을 남태평양으로 나누어 부르기도 해.

수산 자원이 풍부해서 바다에서 나오는 수산물은 물론이고, 바다 깊숙한 곳에 묻힌 해저 광물도 풍부해. 여러 나라에서 깊은 바다 속 해저 광물을 개발하는 방법을 계속 연구하고 있어.

태평양은 매우 넓어서 차가운 물길인 한류와 따뜻한 물길인 난류가 함께 흐르지. 그래서 차가운 물에 사는 물고기와 따뜻한 물에 사는 물고기가 함께 살아.

태평양이란 이름은 평화로운 바다라는 뜻이야. 탐험가 페르디난드 마젤란이 험난한 파타고니아 해협(마젤란 해협)을 지나며, 거친 바다가 아닌 잔잔한 바다를 보고 감탄하면서 지은 이름이래. 하지만 태평양은 잔잔한 바다가 아니야. 태풍, 허리케인, 사이클론과 같은 열대 저기압이 계속 나타나는 험난한 바다지.

태평양에는 섬이 2만 5천여 개 있는데, 다른 모든 대양의 섬을 합친 것보다 많은 숫자야. 이렇게 섬이 많다는 건 화산 활동이 활발히 일어났다는 뜻이기도 해. 실제로 태평양을 둘러싼 대륙 주변으로 아직도 화산이 터지고, 지각 변동이 일어나고 있어.

태평양 서쪽 지역은 계절풍이 발달해서 계절에 따라 바람의 방향이 바뀌고, 계절마다 기후가 달라져. 우리나라는 겨울에는 북서풍이, 여름에는 남풍이 불지. 이러한 계절풍은 아시아 대륙과 태평양 사이에서 계절에 따라 반대 방향의 대기 순환이 일어나기 때문에 생겨.

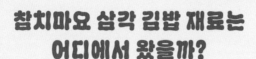

참치마요 삼각 김밥 재료는
어디에서 왔을까?

쌀 : 전 세계에서 한 해 동안 생산되는 쌀의 양은 5억 톤이 넘어. 전체 곡물의 25%나 차지하니까 정말 엄청나지. 우리나라의 주식이 쌀인 것처럼 쌀은 대부분 식량으로 사용돼서 지구에서 가장 많은 인구를 먹여 살리고 있어.

세계 벼 재배 면적의 90% 이상이 아시아에 분포되어 있는데 그만큼 아시아가 벼농사에 적합하기 때문이야. 습지 식물이면서 고온 식물인 벼의 생장 조건이 더운 여름에 집중적으로 비가 내리는 아시아 지역의 기후와 딱 맞아떨어지는 거지.

참치 : 태평양에 사는 대표적인 어종이지. 차가운 물과 따뜻한 물을 오가며 아주 먼 거리를 이동해. 오대양 중에 가장 크고 한류와 난류가 만나는 태평양이 참치가 살기에 아주 적합한 곳이야.

참치의 다른 말은 다랑어야. 8종의 다랑어가 있는데, 그중에서도 태평양 참다랑어가 최대 길이 3m, 무게 500㎏ 이상으로 가장 커. 다랑어류는 90% 이상이 중서부 태평양 해역에서 원양 어업으로 잡는데, 연평균 어획량이 25만 톤이나 된대.

참치 통조림으로 만들어지는 건 주로 가다랑어, 황다랑어, 날개다랑어야. 그물로 한꺼번에 많은 참치를 잡은 뒤, 배에서 바로 염장 보관을 하지.

김 : 김은 온대, 한대, 아열대 지역에서 자랄 수 있지만, 김을 양식해서 먹는 나라는 별로 없어. 김을 잘 기르려면 파도가 잔잔한 바다이면서 민물이 조금 흐르는 곳이 좋아. 이런 환경에 적합한 곳이 우리나라 바다야. 김은 우리나라 최고 수출 효자 품목이야. 그래서 김의 별명이 '바다의 반도체'야. 우리나라를 대표하는 수출품인 반도체처럼 수출 효자 품목이란 얘기지. 2023년 상반기(1~6월) 김 수출액만 봐도 2022년의 같은 기간보다 10.4% 증가한 4억 551만 달러로 역대 최고치를 넘어섰대.

쌀과 참치와 김이 한데 모여 편의점 대표 상품인 참치마요 삼각 김밥으로 탄생했어. 삼각 김밥은 우리나라보다 편의점 문화가 발달한 일본에서 먼저 만들어진 상품이지만, 우리나라 참치마요 삼각 김밥은 일본 편의점 삼각 김밥 순위에서 늘 1등이래.

아시아와 태평양, 지금은 어때?

세계적으로 일어나는 기후 위기에서 아시아 역시 예외일 수 없어. 특히 그 변화를 가장 잘 느낄 수 있는 곳이 히말라야산맥이야.

특히 2011년~2020년 사이에 히말라야산맥의 빙하가 급속도로 녹았는데, 10년 전인 2001년~2010년에 비해 65%나 빠른 속도래.

빙하가 쉼 없이 빨리 녹게 되면 홍수나 산사태 같은 자연재해를 일으키고, 주변에 사는 사람들이 피해를 입지. 당연히 농사도 잘 안 되고 결국 식량이 부족해질 거야. 사라지는 식물과 동물도 생기겠지.

지금 속도대로 온실 가스가 계속 생기면 21세기가 끝날 무렵에는 현재 히말라야 빙하의 80%가 사라져 버릴 거래. 그러면 전 세계 인구의 4분의 1에 해당하는 약 20억 명이 삶의 터전을 잃어버릴 거로 전망하고 있어. 이런 일을 막으려면 히말라야 빙하를 지키기 위해 우리 모두 함께 노력해야 해.

태평양을 헤엄치는 참치에게도 위기가 찾아왔어. 최고의 참치라 불리는 태평양 참다랑어를 마구 잡는 바람에 멸종 위기에 처했거든. 아직 다 자라지도 않은 치어까지 무조건 잡는 게 문제야. 다 큰 참다랑어의 길이는 2m가 넘기 때문에 50㎝ 정도만 돼도 새끼 참치인 셈이거든. 20년을 넘게 살 수 있는 참다랑어를 두 살도 되기 전에 잡기도 한대.

참다랑어가 멸종 위기에 놓이자, 가격은 더 비싸지고 그래서 더 잡는 악순환이 반복되지. 넓은 태평양을 마음껏 헤엄치는 참치를 만나기 위해, 인간의 욕심을 버려야 할 때야.

태평양에는 얼마 전부터 새로운 섬이 생겨났어. 태평양 쓰레기 섬(Great Pacific Garbage Patch)인데, 플라스틱 섬이라고도 하지.

사람들은 처음에는 설마 플라스틱과 쓰레기가 모여서 어떻게 섬이 되겠냐고 믿지 않았지만 시간이 흐르면서 이제

▲ 태평양 플라스틱 섬

많은 사람이 아는 섬이 되었어. 이 섬은 태평양 북부, 하와이와 캘리포니아주 사이의 북태평양 환류(North Pacific Gyre) 내에 위치해.

이 섬은 다양한 종류의 플라스틱 쓰레기와 해양 폐기물이 해류와 바람의 영향으로 한곳에 모이는 현상으로 인해 형성되었다고 해.

왜 이 쓰레기 섬을 당장 없애지 못할까?

이 섬은 면적이 엄청 넓어. 약 1.6백만 제곱킬로미터로 추정된다고 해. 그게 어느 정도냐고? 프랑스 면적의 2배, 우리나라의 15배가 된다고 해. 어때? 없애기 쉽지 않겠지? 태평양 쓰레기 섬이 더 커지지 않도록 우리 모두 노력해야 해.

삼각 김밥 이야기

김밥과 만드는 방법이 비슷하고, 그 모양이 삼각형 모양이어서 '삼각 김밥'이라는 이름이 붙여졌어.

김밥은 김을 깔고 그 위에 밥을 얇게 펴고 여러 가지 재료를 넣어서 둘둘 말아 만드는데, 삼각 김밥은 주먹밥처럼 밥 속에 재료를 넣고 만들지. 삼각 김밥의 유래는 일본의 주먹밥인 오니기리에서 왔다고 해. 이른바 삼각형 모양 주먹밥이지.

삼각 김밥이 우리나라 편의점에 들어온 것은 1992년쯤이야. 당시는 그렇게 인기가 많지 않았대. 하지만 용돈이 부족한 학생이나, 바쁜 사람들을 위한 한 끼로 좋아서 점점 사 먹는 사람이 많아졌어.

삼각 김밥은 비닐로 포장되어 있어서 위생적이고, 외출할 때 갖고 다니기도 편해. 혹시 비닐 포장을 뜯으려다가 김과 밥이 따로 분리된 경험이 있니? 삼각 김밥 비닐은 가운데를 잡아당기면서 뜯어야 해. 처음 뜯어 보는 사람들은 어떻게 하는 줄 몰라서 실수하기도 해.

삼각 김밥

삼각 김밥 중간에 있는 띠를 떼어 낸 다음 양쪽에서 비닐을 잡아당기면 김과 밥 사이에 있던 비닐이 떨어지면서 자연스럽게 김과 밥이 붙게 돼. 전자레인지에 삼각 김밥을 돌리면 밥이 따뜻해서 김이 더 잘 붙지.

　　삼각 김밥의 비닐 포장법은 좀 독특한데 놀랍게도 특허 상품이야. 일본의 스즈키 마코토 씨가 만들었대. 나들이 갈 때 집에서 싸간 삼각 김밥의 김이 눅눅해진 게 안타까워서 포장 방법을 개발해서 1978년에 특허를 냈대.

　　우리나라에선 2013년 67.2㎏이던 1인당 쌀 소비량이 10년 만에 56.7㎏으로 떨어졌대. 예전과 다르게 다양한 식습관이 생겨났기 때문이지. 단위 면적당 쌀 생산량이 가장 많은 쌀 재배 기술을 갖고 있는데도, 쌀 소비량이 점점 줄어든다니 안타까워. 다양한 품종을 개발하고, 가공식품으로 쌀을 더 많이 활용할 방법을 찾고 있지. 맛있는 삼각 김밥을 많이 개발하는 것도 그런 방법의 하나가 될 수 있겠지?

두 번째

팬케이크와 핫바는
생각보다 더 어울려

대륙 2 북아메리카 | 대양 2 북극해

학교 수업이 끝나자마자 나는 GG편의점이 있는 언덕으로 내달렸다. 신기루처럼 갑자기 나타난 그 편의점이 혹시나 사라졌을까 봐 빨리 확인하고 싶었다. 모퉁이를 돌아서, 언덕 위를 올려다보면 보여야 하는데……. 있다! 있어! 숨을 몰아쉬며 GG편의점 앞에 도착했다. 유리문을 힘껏 열며 들어서자, 매대를 정리하던 점장님이 고개를 들더니 시큰둥한 표정으로, 날 물끄러미 바라보았다.

"넌 여기 올 때마다 왜 그렇게 숨을 헉헉대니? 누가 쫓아와?"

"헉헉, 아니오. 꿈인지 생시인지 해서요."

"뭐가?"

"편의점이요. 어느 날 갑자기 뿅 하고 생겼으니까, 내가 꿈을 꿨나 싶었다고요."

점장님은 나에게 다가오더니 내 손목에 엄지와 검지를 올리고 말했다.

"살짝 꼬집어 볼까?"

"아, 아니요. 됐어요."

"훗. 놀라기는……. 여긴 진짜라고. 어서 뭘 살지 말해 봐."

"글쎄요. 좀 둘러봐도 되나요?"

나는 어제 미처 다 보지 못한 편의점 구석구석을 살펴봤다. 오른쪽 구석 벽면의 냉장 코너에 다양한 상품이 진열되어 있었다. 햄버거, 피자, 케이크, 핫도그, 핫바까지……. 읍내 편의점에서 보던 것보다 종류가 다양했다. 무엇을 먹을지 고민하고 있는데 두 가지가 내 눈길을 사로잡았다.

'최상급 메이플 시럽을 뿌린 팬케이크'와 '청정 해역 명태살이 들어간 핫바'였다. 둘 중 뭘 먹지?

"그만 고민하고 이제 좀 결정해 줄래?"

"이거랑 이거, 둘 중에 어떤 게 더 맛있어요?"

"당연히 둘 다 맛있지. GG편의점에 맛없는 건 없다고! 고민할 게 뭐 있어? 둘 다 먹으면 되잖아. 결정한 거지?"

"팬케이크하고 핫바는 좀 안 어울리는 것 같은데……."

"안 어울리긴. 같은 구역에 있으니까 지리적 관점에서 아주 잘 어울린단 말이야."

점장님은 팬케이크와 핫바가 있던 구역으로 들어오더니 고개를 꼿꼿이 세우고는 우렁차게 외쳤다.

"메이플 시럽 팬케이크와 명태살 핫바를 고른 당신, 북아메리카와 북극해의 지리를 알고 싶은 게 분명하군요."

"아, 북아메리카요? 북극해요?"

처음 겪는 일이 아니었지만, 여전히 당황스러웠다. 내 표정을 본 점장님이 씩 웃더니 손가락을 탁 튕겼다. 편의점 조명이 반짝반짝하더니 팬케이크와 핫바가 있던 구역에만 전등이 밝게 켜졌다. 마치 폭죽을 터트리듯 반짝이 실뭉치가 후루룩 쏟아지더니 숨겨져 있던 **북아메리카·북극해** 간판이 나타났다.

동시에 신나는 노래가 들리기 시작했다. 어디선가 들어 본 듯한 팝송과 외국 민요 같은 음악이 들렸다. 반짝이 실뭉치를 가르고 나타난 지덕희 점장은 매대로 걸어가 팬케이크와 핫바를 양손에 들고 제멋대로 랩을 하기 시작했다.

"메이플은 단풍나무. 단풍나무에서 메이플 시럽을 만들어! 메이플의 나라는 바로 캐나다. 캐나다의 대륙은 북아메리카! 북아메리카 북쪽에 바다가 있어. 바다 이름은 바로 북극해. 북극해에는 명태가 살지. 예!"

음악이 멈추자, 점장님은 팬케이크의 포장을 찢더니, 동봉된 메이플 시럽을 내게 건넸다. 핫바도 귀퉁이를 살짝 뜯은 다음, 팬케이크와 전자레인지에 넣었다.

나는 손에 들고 있는 메이플 시럽 봉투를 살펴봤다. 방금 부른 랩 가사처럼 정말 '원산지 캐나다'라고 쓰여 있었다.

"점장님, 메이플 시럽은 캐나다에서만 만들어요?"

"그건 아니지만 전 세계 메이플 시럽의 85%를 캐나다에서 생산해. 그 뒤를 미국이 잇고 있어. 캐나다와 미국은 바로, 북아메리카 대륙의 대표적인 두 나라야."

"신기하네요. 단풍나무는 우리나라에도 많잖아요. 그런데 왜 메이플 시럽은 북아메리카에서만 많이 나오는 거예요?"

"아주 예리한 질문이군. 우리나라 단풍나무와 북아메리카 단풍나무

는 종류가 다르단다, 우리나라 단풍나무 잎은 아기 손처럼 갈래갈래 얇게 뻗어 있지만, 메이플 시럽을 만드는 단풍나무 잎은 캐나다 국기에 그려진 단풍잎처럼 세 갈래로 벌어져 있지. 이 단풍나무의 이름은 사탕단풍인데, 이 단풍나무에서만 메이플 시럽의 원료가 되는 수액을 채취할 수 있어."

"아, 그렇구나. 그러면 사탕단풍을 우리나라에 심으면 메이플 시럽을 얻을 수 있어요?"

"음……. 심어 보지 않아서 모르겠지만, 아마 어려울 거야. 왜냐하면 사탕단풍의 원산지인 북아메리카 북부 지역은 서늘한 냉대 기후인 곳이 많아. 특히, 밤낮 기온 차가 엄청 크지. 온도 차이가 심할수록 수액이 잘 만들어지거든. 우리나라 기후가 그곳과 달라서 아마 어려울 거야."

"우리나라는 어떤 기후인데요?"

"오, 좋은 질문인걸. 자, 지도를 보면서 쉽게 설명해 줄게."

점장님이 허공에 손을 대자, 세계 지도가 그려진 홀로그램이 떠올랐다. 점장님은 지도의 오른쪽 윗부분을 손가락으로 가리키며 말했다.

"여기가 바로 메이플 시럽의 원산지인 캐나다야. 이 아래가 미국이고. 북아메리카 지역과 비슷한 기후를 색깔로 표시해 볼게."

점장님이 캐나다 지역을 살짝 건드리니 보라색으로 색깔이 변했다.

그런데 캐나다뿐 아니라 왼쪽 옆으로도 같은 색깔이 길게 뻗어 있었다. 그 부분에 손가락을 대니, 러시아, 북유럽 등 지역 이름이 나타났다.

"지도에서 가로로 비슷한 위치에 있는 지역들이 냉대 기후네요?"

"맞아. 세계 전체 기후를 한 번에 표시해 볼까?"

홀로그램 세계 지도가 알록달록하게 변했다.

"우아! 여러 겹의 층으로 보이는 게 꼭 무지개 젤리 같아요!"

"지구의 북극과 남극의 딱 중간에 그은 가상의 선이 바로 적도야. 적도를 기준으로 평행하게 가로로 그은 가상의 선이 위도인데, 같은 위도에선 대체로 비슷한 기후를 갖게 돼. 하지만, 지역마다 산이 많다든가, 강이 있다든가, 지형이 달라서 같은 위도라고 해도 기후가 달라. 그래서 좀 울퉁불퉁 뭉개진 무지개처럼 보이는 거지."

"북아메리카는 넓어서 지형이 여러 개 있고, 위아래로 길어서 위도도 달라 기후가 정말 다양하겠어요."

"맞아. 캐나다만 해도 대표 기후는 냉대 기후지만, 자세하게 나누면 열두 가지로 분류할 수 있대. 미국도 마찬가지야. 온대 기후가 대표적이지만, 북부는 냉대 기후, 남부인 플로리다반도는 열대 기후, 서부의 내륙 지방은 사막 기후까지 나타나지."

삐 비비빅! 삐 비비빅!

"저기, 아까부터 전자레인지에서 계속 소리가 나는데요? 다 데워졌나 봐요."

"어머, 내 정신 좀 봐. 잠깐만."

점장님은 팬케이크를 접시에 올린 후, 내 손에 있던 메이플 시럽을 가져가 휘리릭 뿌린 다음, 포크와 나이프를 건네주었다.

"자, 먹어 보렴."

쓱싹쓱싹 잘라서 앙!

"우아! 너무 맛있어요! 뭐랄까? 달면서도 너무 달지만은 않은, 뭔가 품격이 느껴지는 단맛? 자연에서 온 단맛이란 이런 거군요."

"너 먹을 줄 아는구나. 자, 그럼, 이것도 같이 먹어 봐."

점장님은 핫바 포장지를 벗기고 내게 내밀었다.

"갑자기 핫바요?"

"달콤한 메이플 시럽 핫케이크와 짭짤한 핫바를 같이 먹으면 단짠단짠한 게 얼마나 잘 어울리는데."

미심쩍었지만 통통한 핫바가 너무 먹음직스러웠다. 한입 크게 베어 물었는데 생각보다 탱글탱글한 어묵살이라 꼭꼭 씹어야 할 정도였다. 분명 이건 내 인생 최고 핫바였다.

"우아! 진짜 맛있어요. 이런 핫바는 처음 먹어 봐요."

"당연하지. GG편의점 한정판, 북극해에서 잡아 올린 명태로 만든 핫바란 말이야. 무려 명태살 100%!"

"북극해요? 북극해에 명태가 살아요?"

"응. 명태는 대표적인 한류성 바닷물고기라 차가운 물에 살거든."

"우리 할머니가 그러셨어요. 예전에 우리 동네에서도 명태잡이를 많이 했다고요. 그런데 어느 순간부터 명태가 잡히지 않더래요. 그 명태들이 다 북극해로 간 걸까요?"

"그럴지도 몰라. 기후 변화 때문에 바다가 따뜻해지면서 우리나라와 비슷한 위도의 바다에서는 명태가 많이 사라져 버렸지. 반대로 북극해에서 잡히는 명태는 해마다 점점 더 늘고 있어."

"잡히는 물고기만 보아도 그 지역의 지리적인 특징이랑 기후를 알 수 있는 거네요."

점장님은 지구본 홀로그램을 띄운 다음 빙글빙글 돌려서 북극을 위에서 내려다보도록 위치를 설정했다.

"오대양 중에 '양' 자가 붙은 바다들은 대륙과 대륙 사이에 있지만, 북극해와 남극해는 조금 달라. 북극해는 북극이라는 꼭짓점을 중심으로 빙 둘러서 있는 바다를 말해. 그래서 어느 쪽 북극해인가에 따라 사는 생물들도 조금씩 달라. 북유럽 노르웨이 쪽 북극해에는 열빙어와 청어가 많이 살고, 오늘의 주인공 명태는 북아메리카의 북서쪽인 알래스카 북극해에 많이 살고 있어."

"그럼, 메이플 시럽과 명태는 지리적으로도 아주 가까운 사이네요?"

"그렇지! 나 지덕희, 지리에 푹 빠진 자! 지덕희가 운영하는 GG편의점에선 아무렇게나 상품을 배치하지 않는다고! 으하하! 그럼, 이제 퀴즈를 풀어 볼 시간이야. 오늘도 정답을 맞히면, 다음번엔 나와 함께 아주 특별한 여행을 떠날 수 있어."

"좋아요. 고고!"

⊙ GG편의점 퀴즈 2 ⊙

북아메리카의 북동부, 대서양과 북극해 사이에는
세계에서 가장 큰 섬이 있습니다. 이 섬의 이름은 무엇일까요?

① 화이트랜드 ② 그린란드
③ 이누이트 ④ 아이슬란드

"보기가 너무한 거 아녜요? 이누이트라뇨. 지역 이름이 아니잖아요."

"나 참, 퀴즈를 쉽게 내줘도 난리네. 싫으면 맞히지 말든가."

"누가 안 맞힌대요? 제 수준을 무시하지 말라는 거죠."

말은 이렇게 했지만, 사실, 2번과 4번이 헷갈린다. 에잇, 찍는다!

"2번, 그린란드!"

"오! 정답. 지도에서는 바로 여기란다."

점장님이 내내 띄워져 있던 홀로그램 지도에서 그린란드를 표시해

주셨다. 섬이라고 생각 못 할 정도로 큰 섬이었다.

"우아, 진짜 큰 섬이네요."

"그린란드를 기준으로, 그린란드보다 크면 대륙, 작으면 섬이라고 부른단다. 재밌지?"

"네, 처음 알았어요. 그런데, 저 다음에 오면 여행을 떠나는 건가요? 뭘 챙겨 오면 돼요?"

"준비물은 필요 없어. 지리에 대한 호기심만 갖고 오면 돼. 그럼 해솔아, 또 보자."

두근거리는 가슴으로 GG편의점을 나섰다. 갑자기 생긴 아지트 GG편의점 때문에 이제 하굣길이 매일 즐거울 것 같다.

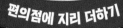

기후가 다양한 북아메리카

세계에서 가장 큰 바다인 태평양의 동쪽에는 위아래로 길게 뻗은 대륙이 있어. 바로 아메리카 대륙이야. 너무 길어서 위아래로 나누어 분류하지. 지리적으로 기준이 되는 곳은 코스타리카 국경에서 콜롬비아 국경까지 동서로 약 676km 뻗어 있는 파나마 지협이야. 이곳을 중심으로 위는 북아메리카, 아래는 남아메리카로 부르지. 파나마 지협의 북쪽에 모여 있는 나라들을 중앙아메리카라고 따로 부르기도 해. 지도에서 봤을 때 잘록하게 들어간 부분이야.

북아메리카는 아시아와 유럽 다음으로 큰 대륙이고, 적도 부근에서 북극지방까지 걸쳐 있어. 그래서 열대 우림 기후부터 빙설 기후까지 다양한 기후대가 나타나지. 메이플 시럽이 많이 생산되는 캐나다 동부 지역과 미국의 북부 지역은 냉대 기후이면서 낮과 밤의 기온 차가 크게 나는 게 특징이야.

북아메리카 서쪽에는 높은 산지가 많은데, 캐나다와 미국 서부 로키산맥이 대표적이야.

대륙의 중앙 부분에는 아주 넓은 평원이 펼쳐져 있고, 이곳에 세계에서 네 번째로 긴 강인 미시시피강이 흐르고 있어. 넓은 평야와 풍부한 강물이 있으니 당연히 농업이 발전했지. 이 주변 평야는 엄청난 규모의 농업과 목축이 이뤄지는 세계 최대 농산물 생산지야.

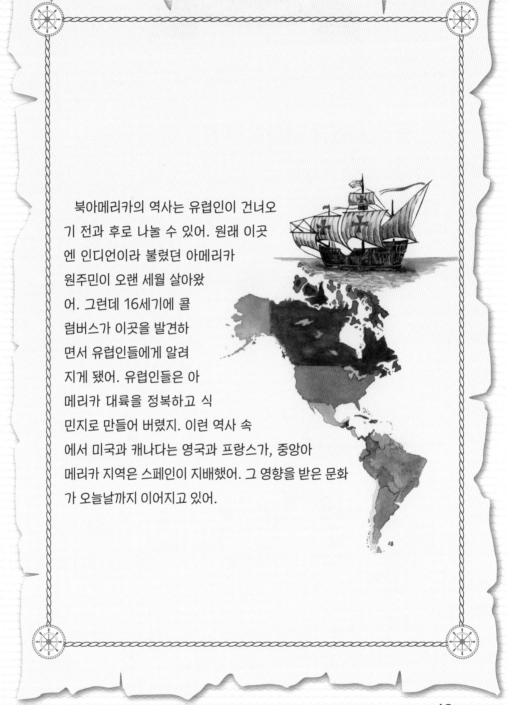

　북아메리카의 역사는 유럽인이 건너오기 전과 후로 나눌 수 있어. 원래 이곳엔 인디언이라 불렸던 아메리카 원주민이 오랜 세월 살아왔어. 그런데 16세기에 콜럼버스가 이곳을 발견하면서 유럽인들에게 알려지게 됐어. 유럽인들은 아메리카 대륙을 정복하고 식민지로 만들어 버렸지. 이런 역사 속에서 미국과 캐나다는 영국과 프랑스가, 중앙아메리카 지역은 스페인이 지배했어. 그 영향을 받은 문화가 오늘날까지 이어지고 있어.

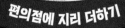

천연 자원과 해산물이 풍부한 북극해

　북극해(北極海, Arctic Ocean)는 북극을 중심으로 유라시아 대륙과 북아메리카 대륙에 둘러싸인 바다야. 북극과 남극은 아주 큰 차이가 있는데, 그건 바로 남극에는 대륙이 있고, 북극엔 바다만 있다는 거야. 북극의 바닷물은 꽁꽁 얼어 있는데, 얼지 않은 주변의 바다까지 포함해서 북극해라 부르곤 해. 언 바닷물은 해빙이라 부르는데, 제자리에 머무르는 해빙은 정착빙이라 부르고, 부서져서 둥둥 떠다니는 해빙은 유빙이라 불러.

북극해는 오대양만큼 크지 않지만, 전 세계 바다의 3%를 차지할 정도라 작지만은 않아. 평균 수심은 1,300m인데, 북극점에 가까운 곳은 깊이가 5,500m나 되는 곳도 있어.

　　해저에는 석유와 가스가 묻혀 있고, 해산물도 풍부해서 앞으로 북극해는 점점 더 중요해질 거야. 왜냐하면, 지구가 점점 따뜻해지면서 북극의 빙하가 녹게 되고, 북극을 가로질러 항해할 수도 있거든. 바다의 수온이 올라가면서 차가운 바닷물에 살던 해양 생물들이 점점 더 북극해 쪽으로 가까이 올라오고 있어. 그러니까 앞으로 북극해의 중요성은 점점 더 커질 거야. 그래서 북극해 주변으로 여러 국가에서 연구소를 차리고 연구하고 있어.

　　우리나라는 2002년부터 노르웨이령 스발바르 군도에 북극 다산 과학기지를 운영하기 시작했는데, 매년 여름(6월~9월)마다 60여 명이 머무르면서 북극에 관한 다양한 연구를 하고 있지.

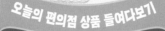

메이플 시럽 재료는 어디에서 왔을까?

메이플 시럽은 단풍나무 수액으로 만들어. 단풍나무는 다양한 종류가 있는데 메이플 시럽의 원료인 수액을 채취할 수 있는 나무는 '사탕단풍'이야. 사탕단풍은 0~10℃ 정도의 서늘한 온도에서 잘 자라. 병충해와 추위에 강해서 겨울철에 영하 40℃의 낮은 온도가 되면 겨울잠을 자면서 휴식을 취하다 봄에 다시 깨어나지.

낮과 밤의 기온차가 많이 벌어질수록 달콤한 수액을 더 많이 품게 돼. 수액을 얻는 작업은 3월 초에서 4월 말에 집중적으로 하는데, 이때 일교차가 커서 단풍나무가 물을 잘 빨아들이고 내보내기 때문이야.

수액은 단풍나무에 상처를 내서 채취해. 단풍나무 수액을 원하는 당도가 될 때까지 끓여서 메이플 시럽을 만들지. 밝은 호박색 시럽을 최상의 등급으로 여긴대.

핫바 재료는 어디에서 왔을까?

핫바의 재료가 되는 명태는 한류성 바닷물고기야. 수온이 1~10°C인 찬 바다에 주로 살지. 어릴 때는 온도가 1~6°C 정도인 깊은 바다에 살고, 다 자라면 수온이 10~12°C 정도가 되는 바다로 이동한대.

우리나라 동해에서 잡히던 명태의 제철은 추운 겨울철인 1~2월이었어. 명태는 1940년대에는 동해에서 한 해에 27만 톤 이상 잡힐 만큼 한국에서 가장 흔한 물고기였지. 그때 명태는 한국인들이 가장 흔하게 먹는 국민 생선이 되었고, 지금도 식탁에 자주 오르지. 하지만 이제 국내산 명태는 찾기 힘들어.

▲ 명태 덕장

그동안 명태의 새끼까지 마구잡이로 잡은 데다, 지구 온난화로 바다가 점점 따뜻해져서 명태가 잡히지 않기 때문이야. 그러면 그 많던 명태는 어디로 갔을까? 차가운 바다를 찾아 점점 북쪽으로 올라갔어. 지금은 북태평양과 북극해가 만나는 베링해 부근에서 많이 잡히고 있어.

북극해의 명태 어획량은 해마다 증가하고 있어. 북극해에는 명태뿐 아니라 다양한 수산 자원이 풍부해. 북극해 주변 바다에서 전 세계 수산 자원의 37%가 생산될 정도야.

69

북아메리카와 북극해, 지금은 어때?

　북아메리카 역시 기후 위기로 변화를 맞고 있어. 최근 몇 년간 캐나다와 미국에 큰 산불이 많이 일어났는데, 그 원인 역시 기후 변화와 관련 있대. 지구 온난화로 인한 폭염이 지속되면서, 숲은 더 뜨겁고 건조해지고, 불이 나기 더 쉬워졌지.

　북아메리카의 북동쪽, 세계에서 가장 큰 섬인 그린란드에선 빙하가 녹는 속도가 점점 빨라지고 있어. 그곳에는 2만 2천여 개의 빙하가 있는데, 이 빙하를 관찰해서 기후 변화의 영향을 연구해 온 결과를 보면, 20년 전에는 1년에 평균 5~6m씩 빙하가 녹았는데, 최근에는 1년에 평균 25m씩 녹고 있대. 지난 20년간 5배나 빨라진 거지.

▲ 기후 변화에 따른 환경 재해

이런 기후 변화는 메이플 시럽의 생산량에도 변화를 가져왔어. 최대 생산지인 캐나다 퀘벡주의 2023년 메이플 시럽 생산량은 2018년 이후 최저치를 기록했어. 캐나다 동부 지역에 몰아친 폭풍과 급격한 기온 변화가 원인으로 꼽혔지.

　　북극해 역시 다양한 변화를 겪고 있어. 북극은 공기가 차고 건조하기 때문에 비가 내리지 않았는데, 2019년에 처음으로 뇌우(번개를 동반한 비)가 관측됐어. 2021년과 2022년에도 뇌우가 내렸지. 그 역시 기후 변화 때문인 것 같아.

　　북극은 지구 전체와 비교했을 때 평균 기온의 상승 속도가 3~4배나 빨라. 기후 위기로 인한 변화가 그만큼 빠르게 일어나는 지역이란 거야.

　　해수면 온도가 과거 30년 평균보다 높게 지속되는 폭염 현상을 '해양 열파(marine heatwave)'라고 부르는데, 북극해에서 2007년에 처음으로 해양 열파가 발생한 이후 2015년부터 연속으로 발생하고 있어. 앞으로도 매년 지속될 것이라는 게 전문가들 예측이야.

　　바닷물이 따뜻해지고, 북극해의 빙하가 녹고, 지구 해수면이 점점 상승하면서 세계 지도는 새롭게 그려지고 많은 것이 달라지겠지.

메이플 시럽 이야기

캐나다엔 메이플 시럽을 기념하는 '메이플 시럽 데이'가 있어. 매년 12월 17일이야. 메이플 시럽 데이에는 메이플 시럽이 듬뿍 들어간 팬케이크나 프렌치 토스트로 아침을 먹곤 해.

메이플 시럽을 만들기 위해 메이플 숲속에 지어진 작은 건물을 슈거 쉑 (Sugar shacks)이라고 불러. 메이플 시럽을 많이 생산하는 캐나다의 몬트리올이나 퀘벡에는 슈거 쉑이 110여 개나 있대. 캐나다 사람들은 가까운 슈거 쉑을 방문해서 메이플 시럽 만드는 과정을 체험하는 걸 봄의 즐거움으로 여기지.

핫바 이야기

    어묵을 꼬치에 끼워 파는 것을 우리는 보통 '핫바'라고 해.

    꼬치에 끼운 어묵에 '핫바'라는 이름을 붙여 처음 판매한 것은 고속 도로 휴게소였어. 한 식품 회사에서 팔기 시작했지.

    이 핫바가 인기를 끌면서 길거리 포장마차에서도 팔고 편의점에서도 팔기 시작한 거야. 특정 회사의 상품명이 누구나 다 아는 보통 명칭이 된 거지. 소시지나 핫도그도 핫바라고 하기도 해.

    재래시장에서도 핫바를 파는데, 재래시장 핫바는 직접 그 자리에서 만들어 내. 명태 같은 흰살 생선을 갈은 것에 밀가루, 계란, 야채, 양념 등을 한데 잘 섞어 만든 어묵 반죽을 요리조리 모양을 만들어서 꼬치에 끼워 튀기면 핫바가 되는 거야. 요즘은 핫바에 떡, 맛살, 깻잎 등 여러 재료를 넣어서 만들기도 해. 다양한 소스를 뿌려 먹으면 더 맛있는 간식이 되지.

세 번째

최고의 초콜릿 바닐라 아이스크림을 찾아서

대륙 3 **아프리카** | 대양 3 **인도양**

　막 교문을 나서는데 저 멀리에 익숙한 뒷모습이 보였다. GG편의점 점장님이었다. 찰랑찰랑한 긴 머리를 휘날리며, 한 손에는 카메라를 들고, 흔들흔들 씰룩씰룩 움직이며 카메라 화면을 향해 쉼 없이 말하고 있었다. 가까이 다가가니 목소리가 들렸다.

　"지리에 푹 빠진 자, 지덕희 인사드립니다. 저는 지금 한 초등학교 앞에 나와 있는데요. 이곳은 바로 그저께, 제가 편의점을 연 동네이기도 합니다. 어린이들과 함께 즐거운 지리 이야기 나눠 보려고 이렇게 기다리고 있는데요."

　"점장님, 여기서 뭐 하세요?"

　"앗! 말씀드리는 순간, GG편의점의 첫 손님이었던 어린이가 나타났습니다. 자, 어린이 친구, 우리 구독자분들에게 인사하고, GG편의점에 대해 소개를 좀 해 주세요."

　점장님이 다짜고짜 카메라 렌즈를 내 방향으로 돌렸다.

　"안녕하세요. 저는 해솔이라고 해요. 저도 GG편의점에 아직 두 번밖에 안 가 봐서 잘 모르는데요. 재밌으니까 많이 와 주세요."

얼떨결에 GG편의점 홍보를 하고, 점장님이 보는 화면을 들여다보는데, 뭔가 이상했다. 생방송 시청 중인 사람이…… 0명?

"아, 뭐예요? 점장님. 아무도 안 보고 있잖아요."

"조금만 기다려 봐. 곧 들어올 거야."

한여름 땡볕 아래에서 10분을 넘게 기다렸지만, 지나가는 어린이도, 생방송 시청자도 나타나지 않았다. 뾰로통한 표정을 짓고 있던 점장님이 카메라를 끄며 말했다.

"아, 더워. 그만 찍고 편의점에 가서 시원한 아이스크림이나 먹자."

여기서 언덕 위 GG편의점까지 걸어가야 한다니……. 기운이 쭉 빠졌다.

'오늘은 안 가겠다고 할까?'

생각하는 순간, 점장님이 내 손을 휙 잡아끌었다. 몸이 기울어지면서 넘어질 뻔했다. 간신히 다리에 힘을 주고 똑바로 섰는데, 웬걸? GG편의점 입구에 이미 도착해 있었다.

"안 들어와?"

벌써 편의점 안으로 들어간 점장님이 어서 들어오라며 날 불렀다. 어떻게 된 일이지?

어리둥절한 채로 문을 열고 들어가자, 점장님은 왼쪽 구석 매대쪽에 자리를 잡고 말했다.

"오늘은 너무 더우니까 이곳의 이야기를 해 봐야겠어."

점장님이 손가락을 튕겨 탁 소리를 내자, 커튼이 드리워지더니 숨겨진 **아프리카·인도양** 간판이 모습을 드러냈다.

"아, 아프리카! 더운 지역이라고 하면 제일 먼저 생각나는 곳이긴 하죠."

"자, 이쪽으로 와서 상품을 골라 봐."

아프리카·인도양 코너에 들어서자마자 바로 보인 것은 냉동고였다. 나는 고민할 것도 없이 아이스크림을 먹기로 했다. 아까 흘린 땀이 아직 식지도 않았고, 너무 더워 시원한 게 먹고 싶었다.

"바닐라 아이스크림에 초콜릿이 잔뜩 뿌려진 걸로 주세요."

"오, 제대로 골랐네. 초콜릿과 바닐라의 고향으로 떠나 보자고."

점장님은 내가 고른 아이스크림을 손에 들고 카운터로 가서 바코드를 찍었다. 그 순간, 점장님 뒤에 있던 창고로 통하는 문이 활짝 열리더니 눈부신 빛이 뿜어져 나왔다. 엥? 내가 잘못 본건 아니지? 점장님은 카운터 테이블을 들어 올려 입구를 만들고 나에게 손짓했다.

"해솔아! 이리 들어와."

"거기로요? 왜요?"

"왜긴, 여행 안 갈 거야?"

"진짜 여행 가는 거예요? 여행을 가는데 왜 문으로 들어가요?"

"그건 들어와 보면 알아."

"할머니한테 말 안 하고 가도 될까요?"

"걱정하지 마. 여행하는 동안 이곳의 시간은 잠시 멈추니까."

점장님이 도무지 알 수 없는 얘기만 늘어놓았지만, 내 발은 이미 빛이 뿜어져 나오는 문 안으로 한 발짝 들어서고 있었다. 나머지 발까지 문 안으로 들어섰을 때, 문이 쾅 닫혔다. 눈을 뜰 수 없을 정도였던 환한 빛이 사라지고, 아무것도 보이지 않는 어둠이 찾아왔다.

"아, 무서워요."

점장님이 내 손을 꼭 잡으며 말했다.

"자, 눈을 감고, 셋을 센 다음 눈을 뜨면 돼."

"하나, 둘, 셋."

눈을 뜨기도 전에 느껴진 건, 덥고 뜨겁기까지 한 공기였다. 살짝 눈을 뜨자 믿을 수 없는 풍경이 펼쳐졌다.

끝이 보이지 않는 넓은 땅에 초록빛 나무들이 많은 숲 같았다. 그 한가운데에 나와 점장님이 덩그러니 서 있었다. 내가 점장님을 올려다보자, 점장님이 씩 웃으며 말했다.

"제대로 찾아왔네. 여기는 세계 1위 카카오 생산국인 코트디부아르의 카카오 농장이야. 초콜릿 원료가 카카오라는 건 알고 있지?"

"코트디부아르요? 카카오 농장? 여기에 어떻게 온 거예요?"

"어떻게 왔냐니, 네가 모은 포인트를 써서 여행 온 거잖아. GG 편의점에서는 말이야. 의심하면 안 돼. 지리를 사랑하는 마음 하나로 간절히 바라게 되면 여행을 떠날 수 있어. 봐, 그 마음이 통해서 이렇게 아프리카에 왔잖아? 이제 그냥 즐겨. 하하하."

다시 편의점으로 돌아갈 방법도 나는 모르고, 점장님 말을 믿고 여행을 즐기는 수밖에……. 그런데 정말 더워도 너무 덥다.

"점장님. 너무 더운데 다른 곳으로 가면 안 될까요? 숨이 턱턱 막히는 것 같아요."

"무슨 소리! 아프리카는 더워야 제맛이지. 아프리카는 햇빛을 많이 받는 적도에 걸쳐 있는 대륙이니까 더운 게 당연한 거라고."

"아프리카는 일 년 내내 이렇게 더운 건가요?"

"아프리카는 열대 기후인 곳이 많아. 가장 추운 달의 평균 기온이 18℃ 이상인 기후를 열대 기후라고 하니까, 거의 일 년 내내 여름 날씨기는 하지. 그런데 아프리카 전체가 다 열대 기후인 건 아니야. 워낙 큰 땅이기 때문에 기후도 다양하거든. 북쪽과 남쪽의 일부 지역에서는 우리나라와 같은 온대 기후가 나타나기도 해."

"아프리카에 우리나라 같은 온대 기후인 곳이 있어요? 어디인데요?"

"아프리카 남부에 위치한 남아프리카공화국이지. 이곳은 우리나라처럼 사계절이 있지. 다만 우리나라랑 반대지."

"마치 찜통에 들어온 것 같아요. 땀이 너무 많이 나고 찝찝해요."

"습도가 높아서 그래. 열대 기후도 종류가 많아. 열대 기후지만 땀이 안 나고, 선선한 기후도 있어. 바로 아프리카 중동부에 있는 르완다야."

"그럼 우리 르완다로 가요?"

"아니, 초콜릿이 뿌려진 아이스크림을 달라며? 초콜릿의 재료인 카카오는 여기 있다고. 카카오나무는 이렇게 덥고 습한 '열대 우림 기후'에서 잘 자라. 열대 우림 기후는 일 년 내내 강수량이 풍부하고 푸른 잎을 가진 나무들이 밀림을 이루며 잘 자라는 기후거든."

점장님은 카카오 농장으로 걸음을 옮겼다. 점장님을 쭐레쭐레 따라가며 나무를 살펴보았다. 나무마다 크고 길쭉한 공같이 생긴 열매가 많이 매달려 있었다. 점장님이 나무에 가까이 다가가더니 열매를 덥석 잡고 나무에서 뗐다.

"이게 바로 카카오 열매야. 자, 받아!"

점장님이 갑자기 내 쪽으로 카카오 열매를 휙 던졌다. 나는 갑자기 날아온 열매를 놓쳐 버리고 말았다. 바닥에 떨어진 열매가 깨지면서 안에 든 알맹이가 보였다.

"아잇, 그렇게 갑자기 던지면 어떡해요. 다 깨졌잖아요."

"괜찮아. 어차피 초콜릿을 만들려면 껍질을 벗겨야 해."

점장님은 카카오에서 알맹이 하나를 파내 내 손바닥 위에 올려 놓고 말했다.

"이게 바로 카카오 콩, 초콜릿 원료야. 열매 하나당 30~40알 정도가 들어 있는데, 이걸 잘 모아 상자에 넣고 건조하면서 발효하지. 이 과정에서 적절한 온도와 습도가 필요한데, 이 모든 과정에 서부 아프리카 지역의 기후가 딱 잘 맞아."

"숨 쉬기도 힘든 날씬데, 그 덕분에 맛있는 초콜릿을 만들 수 있는 거네요."

조금 더 걸어가니 카카오 콩을 모아 놓은 상자가 쌓여 있었다. 그리고 상자에 열심히 카카오 콩을 넣고 있는 어린아이들이 보였다. 나보다 어리거나, 내 또래 정도로 보이는 아이들이 카카오나무를 오르락내리락하며 열매를 따고 있었다. 나는 점장님을 살그머니 쿡쿡 찌르며 속삭였다.

"저 아이들은 뭐 하는 거예요? 엄마, 아빠 일을 돕는 건가요? 아무리 그렇다고 해도 너무 힘들어 보이는데……."

"일하는 거야. 그런데 일한 대가를 제대로 받지 못하고 있어. 이곳에서는 싼값에 아이들을 부려 먹고, 강제로 일을 시키기도 하지. 안타깝게도 너무 가난해서, 이렇게라도 돈을 벌어야 하는 아이들이 많아."

"말도 안 돼요. 저렇게 어린 아이들이 ……."

나는 너무 놀랐다.

"별생각 없이 맛있게 먹었던 초콜릿인데, 돌아가면 저 아이들이 생각날 것 같아요."

"아동 노동 착취 없이 정정당당하게 만들어진 초콜릿을 공정 무역 초콜릿이라고 불러. 앞으로는 초콜릿을 먹을 때 이렇게 생산한 착한 초콜릿인지 잘 살펴보고 먹어 봐."

"네. GG편의점에서 파는 건 어때요?"

"GG편의점에서는 전 세계 곳곳에서 공정하게 생산된 최고급 상품만을 취급하고 있지. 아까 네가 고른 바닐라 아이스크림만 해도 말이야……."

"아, 맞다! 바닐라 아이스크림! 저 아이스크림 때문에 여기 왔잖아요. 아이스크림은 언제 먹을 수 있는 거예요?"

"바닐라에 대한 지리 정보까지 다 알아야만 진정한 맛을 느낄 수 있는 거야. 자, 눈을 감아 봐."

"설마 또 다른 곳으로 가는 건가요?"

"하나, 둘, 셋!"

눈을 감고 셋까지 셌는데도 더운 건 여전했다. 다만 발아래가 꿀렁꿀렁 움직이는 느낌이 들었다. 슬쩍 눈을 떴는데……. 헉! 여긴 드넓은 바다 한가운데, 작은 뗏목 위였다. 나는 다리가 후들거려 털퍼덕 주저앉아 버렸고, 그 바람에 뗏목이 크게 흔들거렸다.

"으악! 사람 살려!"

"해솔아, 걱정하지 마. 조금만 있으면 섬에 도착하니까. 지금 우리가 떠 있는 바다 이름이 바로 인도양이야."

"인도양이면, 인도 앞에 있는 바다 아니에요? 우린 지금 인도로 가는 건가요?"

"인도 바다란 의미로 이름이 붙은 건 맞는데, 그렇다고 해서 딱 인도 근처 바다만 인도양이라고 부르진 않아. 지도를 보면 인도양은 북쪽은 아시아, 서쪽은 아프리카, 동쪽엔 인도네시아와 오스트레일리아가 있어. 이 대륙과 섬들에 폭 둘러싸인 바다 전체를 의미하지."

"아프리카에서 아시아 쪽으로 가려면 인도양을 꼭 건너가야 하네요. 비행기가 없던 시절에는 유럽에서 아시아에 가려면 꼭 거쳐야 했겠는데요?"

점장님은 갑자기 눈을 반짝이더니 나를 와락 끌어안으며 외쳤다.

"아우, 이런 똑똑이를 봤나! 넌 진짜 GG편의점 최초의 손님이자, 여행가가 될 자격이 있다. 맞아. 그래서 인도양은 지리·역사적으로 큰 의미가 있는 바다야. 아주 먼 옛날 동서양이 교류하던 바닷길이 바로 인도양을 지났거든, 16세기에 콜럼버스는 대서양을 인도양으로 착각하고 건너려다 아메리카를 발견했지. 옛날에만 그런 게 아니라 지금도 석유 같은 주요 에너지 자원이 이동하는 데 꼭 필요한 통로야."

"아주 중요한 바다네요. 그런데 지도를 보니까, 적도를 기준으로 해서 아래쪽 면적이 더 넓은데요? 그리고 섬도 거의 없어요. 인도양의 가장자리에만 섬이 있고요."

"맞아. 인도양의 북쪽은 육지로 막혀 있어서 온대나 한대 지역이 없는 게 특징이야. 우리가 지구 북쪽에 살고 있으니까 남쪽에 있는 인도양이 그리 넓지 않아 보일 수도 있어. 하지만 지구 전체로 남쪽까지 쭉 시선을 넓히면 생각보다 엄청나게 큰 바다란 걸 알 수 있지. 태평양, 대서양에 이어서 세계에서 세 번째로 큰 바다야."

"그런데요, 점장님. 우리는 지금 어디로 가고 있는 건가요? 저 무서워요. 그리고 너무 더워요. 바닐라 아이스크림은 먹을 수 있는 건가요?"

"아, 맞다. 바닐라! 우리는 지금 바닐라를 찾으러 갈 거야."

"바다에서 바닐라요?"

"바다가 아니라, 섬에서 찾을 거야. 세계에서 네 번째로 큰 섬이 바로 인도양에 있거든. 어휴, 그런데 이 작은 배로 어느 세월에 도착하지?"

"제 말이 그 말이에요."

"어쩔 수 없지. 자, 마지막 기회야. 한 번 여행할 때마다 최대 세 번까지만 이동할 수 있거든. 눈을 감고…… 하나, 둘, 셋!"

몇 번 경험해 봤다고 이번엔 아주 자연스럽게 눈을 떴다. 이곳 역시 더웠다. 바닥에 깔린 커다란 판 위로 검은 막대기 같은 것이 잔뜩 널려 있었다. 점장님은 뚜벅뚜벅 걸어가더니 그 막대기를 집어 들고 나에게 내밀었다.

"냄새 맡아 봐."

힘껏 공기를 들이마셨더니 아주 달콤한 냄새가 풍겼다. 점장님은 막대기를 손톱으로 찢어서 쭉 반으로 갈랐다. 안에 까만 내용물이 보였다.

"아주 작은 알맹이가 모여 있네요 . 이게 뭐예요?"

"바닐라빈. 바닐라 씨앗인데, 바닐라 향을 내는 원료야."

점장님은 내 코앞으로 막대기를 내밀었다. 아까보다 훨씬 더 진한 냄새가 풍겼다.

"와, 신기해요. 옛날 사람들은 어떻게 이 씨앗에서 이렇게 좋은 향기가 나는 걸 알았을까요?"

"그러게 말이야. 심지어 그냥 둬서는 향기가 나지 않고, 꼬투리가 노란빛을 띠기 시작할 때 따낸 다음에 물에 데치고, 건조하면서 발효시켜야 하거든. 지금 여기 있는 바닐라빈은 다 건조 중인 상태지."

"그럼 바닐라도 역시 건조할 때의 기후가 중요하겠어요."

"맞아. 바닐라가 자라는 데는 덥고 습한 환경이 필요하고, 말릴 때는 비가 내리지 않는 게 좋거든. 덥다가도 건조한 시기가 찾아오는 마다가스카르 기후가 바닐라 재배에 딱 맞았던 거지. 그래서 전 세계 바닐라 생산의 80%를 마다가스카르에서 담당하고 있어."

"그러면 제가 지금까지 먹었던 바닐라 아이스크림의 바닐라도 이곳에서 온 걸 수도 있겠네요."

"아니, 마다가스카르가 아닐 확률이 훨씬 높아."

"엥? 80%가 마다가스카르 바닐라라면서요."

"그건 천연 바닐라야. 우리가 먹는 바닐라 향 음식의 90% 이상은 인공적으로 만든 합성 바닐라 향이거든."

"정말요? 그럼 아까 제가 고른 그 아이스크림도요?"

"노노. GG편의점은 절대로 그런 바닐라 아이스크림을 취급하지 않지. 마다가스카르에서 정성들여 말린 최고급 바닐라빈이 들어간 아이스크림만을 팔고 있다고!"

"그 대단한 아이스크림은 언제, 어떻게 먹을 수 있는 건가요? 이제는 제발 먹고 싶다고요. 너무 덥고 힘들어요."

"후후, 그러면 이제 슬슬 돌아가 볼까? 그런데 세 번의 이동 기회를 다 써서 이번엔 퀴즈를 맞혀야만 돌아갈 수 있어."

"못 맞히면요?"

"마다가스카르 지리에 대해서 얼마나 해 줄 얘기가 많은데, 듣고 나면 또 다른 문제를 내줄게. 틀리면 다시 반복!"

"으악, 너무해요. 다 듣기 전에 더워서 쓰러지겠어요. 어서 문제를 주세요."

아프리카에서 뚝 떨어져 나온 모양의 섬, 마다가스카르는
지리적 특수성 때문에 인간의 간섭을 받지 않고
수천수백 년 동안 진화를 거듭하며 독특한 생태계를 이뤘습니다.
다음 중 마다가스카르에 사는
희귀 동식물이 아닌 것은 무엇일까요?

① 바오밥나무 ② 여우원숭이
③ 펭귄 ④ 고래

"정답은, 3번 펭귄이요! 펭귄은 남극에 살잖아요."

"남극에만 사는 건 아니지만, 일단 마다가스카르에는 안 살아.
정답을 맞혔으니까 500포인트 적립. 이제 돌아가자. 사실 나는
해솔이 네가 틀릴까 봐 떨렸어."

나는 깜짝 놀랐다.

"점장님, 그게 무슨 말이에요? 틀렸으면 어떻게 되는 거였는데
요?"

점장님은 어깨를 으쓱하며 말했다.

"문제를 맞추면 500포인트가 적립되는데 어떻게 안떨리니? 여행 오느라 1,000포인트를 써서 300포인트 남았는데, 문제를 맞춰서 포인트를 모아야 또 여행을 가지."

"아, 포인트 계산까지 해야 하고 머리 아파요."

"아, 덥다! 더워. 이제 그만 가자고. 자, 하나, 둘, 셋!"

에어컨이 빵빵하게 돌아가는 GG편의점으로 다시 돌아왔다. 시원하다! 점장님도 기진맥진한 표정이다. 나는 아프리카·인도양 코너의 아이스크림 냉동고로 직진했다. 얼얼하도록 시원한 아이스크림을 집어 들고 점장님에게 내밀었다. 점장님이 싱긋 웃으며 말했다.

"아프리카와 인도양의 기운을 담은 초콜릿 바닐라 아이스크림, 어서 드세요."

사하라 사막과 나일강이 있는 아프리카

아프리카는 아시아에 이어 세계에서 두 번째로 큰 대륙이야. 동쪽으로 인도양, 서쪽으로 대서양, 북쪽으로 지중해와 만나는 대륙이지.

아프리카 대륙의 북쪽에는 세계에서 가장 넓은 사막인 사하라 사막이 있어. 사하라 사막의 일 년 강수량은 250mm 이하야. 우리나라 연평균 강수량이 1,300mm 정도니까 정말 건조하다는 걸 알 수 있지? 연평균 기온이 27℃ 이상인 곳이 대부분이고, 낮과 밤의 기온 차가 30℃를 넘어. 이러한 기후 조건에서는 바위와 돌이 빨리, 잘 부서지기 때문에 사막에 계속해서 모래가 생겨나지.

세계에서 가장 긴 강 역시 아프리카에 있어. 바로 나일강이야. 나일강은 인류 문명이 탄생한 강 중 하나인데, 아프리카의 빅토리아호에서 시작해서 북동쪽으로 이집트를 지나 지중해로 흘러 들어가지.

아프리카 대륙은 사하라 사막을 기준으로 북부와 중남부로 구분하는데, 북부는 사막과 초원이 나타나는 건조 기후고, 중남부는 열대 또는 아열대 기후야. 적도를 중심으로 열대 우림 지역이 있고, 그 주변에는 건기와 우기가 뚜렷한 열대 초원이 펼쳐져 있어.

과거에 아프리카 대부분 나라는 유럽의 식민지였고, 제2차 세계 대전 이후에 독립한 국가들이 많아. 그래서 현재까지도 질병과 인권 침해, 높은 문맹률, 부족 간 충돌 때문에, 가난한 지역이 많아. 하지만, 아프리카에는 금, 다이아몬드, 우라늄, 구리, 석유 등 천연자원이 풍부하고 개발할 수 있는 땅이 넓어서 앞으로 발전할 가능성이 무궁무진하지.

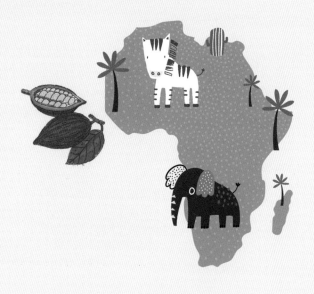

아름다운 섬이 많은 인도양

인도양은 이름 그대로 인도 아래에 있는 큰 바다야. 지구 전체 바다 면적의 20%를 차지하지.

북쪽은 아시아, 동쪽은 오스트레일리아, 서쪽은 아프리카, 남쪽은 남극 대륙으로 둘러싸여 있어.

인도양에서는 매년 열대성 저기압인 사이클론이 발생하는데 강한 회오리바람을 일으키는 폭풍이야. 사이클론은 인도와 방글라데시를 지나면서 홍수를 일으키고 심각한 손해를 끼쳐.

인도양에는 매혹적인 섬들이 많아. 아프리카 대륙에서 똑 떼어져 나온 퍼즐 같은 마다가스카르, 인도양에 떨어진 눈물 한 방울처럼 생긴 스리랑카, 휴양 관광지로 유명한 몰디브와 모리셔스 등이 있어. 이 중에 몰디브는 해발 고도가 낮아서 해수면이 상승할 경우 아예 사라질 수도 있대.

▲ 인도를 향하는 사이클론 파니

초콜릿 재료는 어디에서 왔을까?

초콜릿의 원료가 되는 카카오는 카카오나무 열매의 추출물이야.

카카오나무는 4~12m 높이의 열대 식물이고, 열매는 10~15cm 정도 길이의 길쭉한 공 모양이야. 열매 안에는 30~40개의 카카오 콩이 들어 있어. 이 콩이 완전히 익어 짙은 노란색이 되면 이 씨를 꺼내 한데 모은 뒤 건조하며 발효시켜. 이 과정에서 카카오 특유의 쌉쌀한 향이 살아나. 그다음 말리고, 볶고, 가루로 만드는 등 여러 가지 과정을 거쳐서 초콜릿이 되지.

카카오는 덥고 습한 환경에서 잘 자라. 연 평균 기온이 23~27℃, 연 강수량은 1,500~2,800mm 정도 되는 지역이 적당해. 전 세계 카카오 공급량의 45%를 담당하는 코트디부아르는 딱 이런 기후를 갖고 있는 나라지.

▲ 코트디부아르 지도

바닐라 아이스크림의 재료는 어디에서 왔을까?

달콤한 아이스크림의 향을 담당하는 바닐라는 귀한 향신료야. 천연 바닐라는 세계에서 두 번째로 비싼 향신료지. 바닐라의 원산지는 중앙아메리카의 멕시코지만, 현재는 인도양의 섬나라 마다가스카르가 세계 최대 생산지야.

바닐라에서 기다란 깍지 모양의 바닐라 빈을 딸 수 있는데 처음엔 바닐라 특유의 달콤한 향기가 나지 않아. 바닐라 빈을 데치고, 말리고, 발효하면서 특유의 향기가 생겨나지. 그래서 제대로 된 바닐라 향을 얻는 데는 긴 시간과 정성이 필요해.

이런 과정 때문에 바닐라 생산에 적합한 지역은 한정돼 있어. 바닐라가 자라는 데는 고온다습한 환경이 필요하지만, 꽃이 열리고 열매를 맺는 과정에선 건조한 기후여야만 하지. 그래서 덥고 습하지만 1년에 두 번은 몇 개월 간의 '건기'가 있는 마다가스카르 기후가 바닐라 재배에 딱 맞았지.

원산지인 멕시코에서 전쟁과 석유 개발로 바닐라 농장이 문을 닫는 동안 마다가스카르의 바닐라 농업은 점점 더 발전했어. 게다가 대규모 개발로 숲이 많이 사라지면서, 멕시코도 고온 다습해졌지. 이런 이유로 마다가스카르가 세계 최대 바닐라 산지가 되었어.

아프리카와 인도양, 지금은 어때?

아프리카는 개발이 덜 된 곳이 많아서 전 세계 대륙 중 탄소 배출량이 가장 적어. 하지만, 기후 변화의 충격은 그 어느 곳보다 크게 받고 있어. 열대 기후인 곳이 많은데, 더 더워지면 견디기 힘들거든. 또, 개발이 덜 돼 낡고 위험한 지역도 많은데 그런 상황에 폭우가 내리거나, 가뭄이 계속되는 등 기후 위기로 인한 자연재해가 생기면 그 타격이 훨씬 크지.

실제로 동아프리카는 지난 2020년 이후에 극심한 가뭄으로 우기에도 비가 내리지 않았어. 수백만 명이 기아와 영양실조에 시달리고, 어린이 사망자도 수백 명에 달했어. 2023년부터는 엄청난 폭우와 홍수로 인해 케냐, 탄자니아 등에서 수많은 이재민이 생겨났어.

카카오가 생산되는 서아프리카 지역 역시, 폭염이 계속되고 폭우 피해까지 겹쳐서 카카오 생산량이 줄어들었어. 카카오나무가 병들고, 농장이 침수되면서, 카카오를 건조하는데도 문제가 생겼지. 결국 2023년의 카카오 가격은 44년 만에 최고치를 기록했어.

하지만, 아프리카의 이런 비극을 지켜보기만 할 수는 없지. 태양광, 풍력 등 신재생 에너지 개발과 스마트 농업 등으로 기후 위기를 슬기롭게 극복하려는 노력을 계속하고 있어.

인도양에서는 '인도양 쌍극자'라는 기후 현상이 발생해. 인도양 쌍극자란 인도양 서쪽(동아프리카)과 동쪽(호주, 인도네시아)의 바다 온도가 번갈아 가며 올라가는 현상이야. 지리적 특성

▲ 서아프리카 인도양의 모리셔스 섬

에 따라 자연적으로 발생하는 현상이지만, 최근에는 기후 위기 때문에 변화가 생겨났어. 인도양 쌍극자 현상이 심하게 나타나면서, 예년보다 뜨거워진 바다 온도와 대기 증발 효과가 인도양 주변 나라들에 큰 영향을 미쳤지.

2020년에 있었던 호주의 대형 산불의 원인으로 인도양 쌍극자 현상이 꼽히고 있어. 최근 들어 자주 발생하는 동아프리카의 홍수 피해 역시, 인도양 쌍극자가 심해지며 나타난 것이란 연구가 많아.

초콜릿 이야기

• 달콤한 초콜릿을 많이 먹으면 충치가 생긴다고?

카카오 콩에는 충치를 예방하는 성분이 들어 있대. 카카오 콩 껍질에 들어 있는 '코코아 폴리페놀' 성분이 충치를 일으키는 박테리아의 성장을 방해한대.

하지만, 초콜릿을 만드는 과정에서 카카오 콩의 껍질 대부분이 버려지고, 우리가 가장 흔하게 먹는 밀크 초콜릿에는 카카오 성분보다도 설탕이 훨씬 많이 들어가기 때문에 오히려 충치를 생기게 하지. 카카오 콩 껍질까지 활용한 이 안 썩는 초콜릿이 나오면 참 좋을 텐데 말이야.

• 공정 무역 초콜릿에 대해 궁금하니?

어린이들의 노동력 착취로 만든 초콜릿 대신, 공정 무역 초콜릿을 먹고 싶다면, 이 마크를 기억해.

▲ 카카오 열매를 따는 어린이　　▲ 공정 무역 마크

바닐라 이야기

• **바닐라 향에 대해 알고 있니?**

우리가 접하는 바닐라 향의 대부분은 인공 바닐라야. 시중에 나와 있는 바닐라 향 식품 중 90% 이상이 식품 첨가물인 '바닐린'으로 맛을 낸 거래.

바닐린은 나무나 석유에서 추출한 성분을 합성해서 만들어. 바닐린 가격은 천연 바닐라의 20분의 1도 안 된대.

댐을 만드는 쥐를 닮은 동물, 비버를 아니? 비버의 항문에선 바닐라 냄새가 난대. 비버의 항문 근처에 있는 기름샘에서 나오는 기름에 포함된  '카스토레움'이라는 성분에서 바닐라 향이 나는 거래. 실제로 이 물질을 천연 향료로 많이 사용하는 바람에 비버가 멸종 위기에 처하기도 했었어.

네 번째

태양과 바다의 콜라보로
탄생한 파스타

대륙 4 유럽 | 대양 4 대서양

모처럼 할머니와 함께 바닷가에서 산책하고 있었다. 저 멀리 언덕 위로 GG편의점이 보였다.

"할머니, 저기 편의점 생겼는데 같이 가 볼래?"

"에이그, 할미는 다리가 아파서 못 가. 할미는 이제 들어갈 테니까 혼자 다녀와. 엥? 그런데 저게 뭐다냐?"

할머니가 가리키는 곳을 바라보자, 둥실둥실 바다에 떠다니는 커다란 바구니가 보였다. 내 키보다 더 큰 바구니였다. 바구니는 파도를 타고 우리가 있는 해변까지 떠밀려 왔다. 바구니 안에는 어마어마하게 큰 물고기가 누워 있었다. 나보다 더 큰가? 키를 재 보고 싶을 지경이었다.

"오메, 이게 뭐다냐? 할미가 평생 살면서 이런 물고기는 본 적이 없는데 말이다. 엄청나게 크구먼. 대구 같기도 한데 다르게 생겼어. 이건 또 뭐여?"

할머니는 바구니 안에서 봉투 하나를 꺼냈다.

"쥐똥고추인 것 같은디? 꼬부랑 글씨도 막 쓰여 있고……."

"정말이네. 누가 흘린 건가? 웬 고추지?"

주변을 둘러보았지만 아무도 보이지 않았다. 다만, 저 멀리 GG 편의점에서 찌릿, 나를 노려보는 듯한 빛줄기가 한 번 비치는 것 같긴 했지만……. 기분 탓일 거야.

"할미는 먼저 갈게. 물고기 바구니는 주인이 찾아와서 찾아가게 여기 잘 둬. 또 파도에 실려 갈라. 이리 큰 물고기를 잡아 놓고는 어쩌다가 놓쳤디야."

"응, 할머니."

할머니가 먼저 떠나고, 큰 물고기와 고추가 든 바구니를 겨우 끌어 물이 들어오지 않는 바위 위에 올려놓았다. 그리고 GG편의점으로 달렸다. 편의점에 가고 싶기도 했지만, 째려보는 듯한 빛의 정체를 알고 싶었기 때문이다.

편의점 문을 열고 들어서자, 지덕희 점장님이 긴 머리를 뒤로 휙 넘기더니, 서서히 다가왔다.

"언제 오나 기다렸잖니. 내가 보낸 텔레파시 받았어?"

"네? 점장님이 신호를 보낸 거예요?"

쿵쿵, 점장님의 대답을 듣기도 전에 내 코가 반응하고 있었다.

"그런데, 이게 무슨 냄새예요?"

편의점을 가득 채운 맛있는 냄새 때문에 정신을 못 차릴 지경이었다. 냄새가 나는 곳으로 코를 벌름거리며 찾아갔다. 핫푸드 온장고가 있는 코너였다.

"이거였군요! 파스타 냄새!"

온장고 안에는 지금 막 전자레인지에서 꺼낸 듯 김이 모락모락

나는 파스타 한 접시가 맛있는 냄새를 풍기고 있었다. 들어간 재료도 별로 없는 듯한데, 윤기가 자르르 흐르는 것이 너무 먹음직스러웠다. 온장고 주변으로 잘 익은 올리브유와 파스타 국수가 쌓여 있었다.

"당장 먹고 싶어요. 이 파스타 주문할게요."

내 말이 떨어지자마자, 점장님이 온장고를 톡톡 두드렸다. 편의점의 불이 꺼지고, 온장고에서 번쩍이는 빛이 뿜어져 나왔다. 온장고가 조명으로 변신했다. 아하, 아까 내가 본 번쩍이는 빛이 바로 이거였구나. 찌릿찌릿한 불빛이 마구 쏟아지다가 다시 알록달록 오로라처럼 내가 서 있는 매대를 물들였다. 벽면에 이번 코너의 이름이 나타났다.

"**유럽·대서양** 코너에 오신 걸 환영합니다."

분명히 그냥 편의점 안인데도 조명이 켜지고 간판이 내려오니 꼭 다른 공간 같았다. 나는 쭈뼛쭈뼛 앞으로 다가가 말했다.

"파스타도 설명 다 들어야만 먹을 수 있나요? 당장 먹고 싶어서 못 참겠어요."

"흠, 좋아. 그렇다면 오늘은 퀴즈부터 낼게. 퀴즈를 맞히면 바로 파스타를 맛보여 주겠어."

"제발, 당장 내주세요."

파스타는 유럽, 이탈리아의 대표 요리로 주로 밀가루와
물로 만든 반죽을 물에 삶아 만든 요리를 뜻하는데요.
특히, 이 밀가루를 써서 파스타를 만듭니다.
이것의 이름은 무엇일까?

① 우리밀 ② 호밀 ③ 듀럼밀 ④ 통밀

아……. 어렵다! 어떡하지? 파스타 포장지에서 호밀이라고 쓴
걸 본 듯도 하고…….

"정답은 2번……. 호밀이요."

"왜 그렇게 기운이 없어. 틀려도 당당하게!"

"2번이요!"

"당당하게 땡!"

"아잇, 너무해요."

"정답은 3번, 듀럼밀입니다."

"아, 문제를 틀리다니. 500포인트가 날아갔네. 이번에 맞추면
또 여행 갈 수 있었는데……?"

"듀럼밀이 잘 자라는 유럽 대륙에 관한 이야기를 다 마치기 전

에는 파스타를 먹을 수가 없어요. 파스타는 그대로 온장고에 잘 보관해 둘게."

"힝. 파스타가 퉁퉁 불어 터지겠어요."

"오, 걱정하지 마. 듀럼밀은 잘 불지 않는 성질을 가진 밀의 종류거든. "

"그럼 빨리 설명해 주세요."

나는 빨리 파스타를 먹고 싶어서 마음이 조급해졌다.

점장님은 바로 홀로그램을 띄우더니 봉지에서 긴 파스타 한 가닥을 꺼내 지시봉 삼아 지도의 한 부분을 짚으며 말했다.

"자, 이만큼이 바로 유럽 대륙이야. 바로 옆에 있는 아시아 대륙과 비교하면 크기가 훨씬 작지? 여기 있는 남극 대륙보다도 작아."

"그러네요. 유럽에 유명한 나라들이 많아서 넓다고 생각했는데 아니네요."

"맞아. 유럽 대륙은 작은 면적에 비해 많은 나라가 있어서 아시아 다음으로 인구 밀도가 높아. 인구가 많으니까, 당연히 그들이 먹고살 수 있는 식량도 중요했지."

"그 식량이 바로 듀럼밀이군요."

"맞아. 듀럼밀은 기원전 7,000년 전부터 유럽 중부와 동부 지역의 중요한 식량 자원이었어. 밀 종류 중에 가장 딱딱하지. 이 딱딱한 성질을 이용해 파스타를 만들어."

"맞아요. 파스타는 할머니가 해 주신 잔치국수와는 좀 달라요. 좀 딱딱하고, 툭툭 끊어지기도 하구요. 듀럼밀이 우리나라에서 잘 자랐다면 파스타로 만든 잔치국수를 먹을 수도 있었겠네요?"

"듀럼밀은 우리나라에선 잘 자랄 수 없을 거야. 유럽 지역에서 듀럼밀이 잘 자라는 이유는 비가 많이 내리지 않아도 잘 자란다는 거야. 우리의 주식인 쌀은 벼가 자라날 때 물이 매우 많이 필요하지. 그래서 비가 많이 내리는 아시아 지역에서 많이 길러. 그에 비해 밀은 물이 없어도 잘 자라고, 그중에서도 듀럼밀은 다른 밀보다도 강우량에 영향을 덜 받아. 그래서 유럽의 기후가 듀럼밀이 자라는데 딱이지."

"유럽은 비가 많이 내리지 않는 기후인가 봐요?"

"유럽의 북쪽과 동쪽은 겨울이 춥고 긴 '냉대 기후', 남쪽은 따뜻하고 여름에 비가 적은 '지중해성 기후', 서쪽은 여름이 서늘하고 겨울에 따뜻한 '해양성 기후'가 나타나. 자, 여기서 문제! 듀럼밀은 어느 기후에서 잘 자랄까요?"

"음……. 비가 많이 내리지 않아도 잘 자란다고 했으니까, 지중해성 기후요?"

"맞아! 딴생각하면서 들은 건 아니구나? 제법인데. 지중해성 기후는 여름은 고온 건조하고 겨울은 온난 다습한 특성이 있어. 자, 여기를 봐."

점장님이 홀로그램을 띄우고 유럽과 아프리카 대륙 사이의 바다를 가리켰다.

"이 바다가 바로 지중해야. 대서양으로 이어지기 때문에 대서양의 부속해 중 하나야. 쉽게 얘기해서 대서양에 딸린 바다란 말이지. 지중해 근처 지역이 바로 지중해성 기후를 가지지. 그리고 이 장화 모양처럼 생긴 나라가 파스타의 본고장 이탈리아야."

"지중해 앞이니까 당연히 지중해성 기후겠네요. 듀럼밀이 잘 자랄 수밖에 없겠어요."

"지중해성 기후에서 잘 자라는 대표적인 작물 한 가지가 더 있지. 바로……, 이것!"

점장님은 매대에 잔뜩 쌓여 있는 올리브유를 한 병 집어 들었다.

"파스타 재료로 빼놓을 수 없는 올리브유는 올리브나무 열매를 짜서 만들어. 올리브나무 역시, 여름에 덥고 건조하다가 겨울에 온화하고 비가 많이 내리는 지중해성 기후에서 잘 자라. 이렇게 올리브나무가 잘 자라는 범위를 가리켜서 '올리브 기후'라고 부르기도 하지."

"우리나라는 여름에 비가 많이 내리니까 올리브 기후는 아니겠네요."

이야기하는 중간에도 내 눈은 온장고 안의 파스타에 고정되어 있었다. 이젠 정말 참기 힘들었다.

"이 파스타가 바로 지중해성 기후를 고스란히 담은 '올리브유 파스타', 맞죠? 당장 먹어 봐야 제대로 이해할 수 있을 것 같아요. 어서 주세요."

"그런데 파스타에 중요한 재료를 너한테 배달시켰는데 왜 안 가져왔어?"

"그게 무슨 소리예요?"

"대서양에서 잡은 귀한 대구를 담아서 보냈는데, 못 받았어? 그 안에 고추도 있었는데……."

"엥? 그 대구 점장님 거였어요? 아니, 그것보다 어떻게 대서양에서 잡은 대구가 여기 있어요?"

"대구랑 고추가 없으면 이 파스타는 미완성이야. 지금 당장 가서 가져와."

"예? 말도 안 돼요. 거기까지 언제 가요."

"그럼, 파스타는 물 건너가는 거지. 아주 먼 옛날에 아메리카 대륙에서 대서양을 건너온 고추처럼 말이야."

"아이, 말도 안 돼요. 이제 와서 파스타를 못 먹다니요."

"어서 가서 가져와."

손을 내저으며 항의하려는 순간, 어느새 난 바닷가 바위 앞에 서 있었다. 바구니를 덥썩 집어 들자마자 난 다시 GG편의점 안, 점장님 앞에 서 있었다. 순간 이동이었다.

"아, 놀랐잖아요?"

"이제 제법 적응이 된 것 같은데 뭐. 자 그럼, 본격적으로 파스타를 만들어 볼까?"

점장님이 온장고 뒤 선반을 쭉 잡아빼니 놀랍게도 조리대가 나오면서 작은 주방이 만들어졌다. 뒤이어 바구니에서 꺼낸 물고기를 도마 위에 올리고는 요리용 칼을 들고 두툼한 살을 발라냈다. 프라이팬에 올리브유를 듬뿍 부은 다음, 잘 바른 대구 살을 올려놓고 구웠다. 아까 온장고 속 파스타에서 맡은 냄새보다 몇 배는 더 맛있는 냄새가 났다.

"음, 바로 이거지. 대서양에서 자란 대구에서만 느낄 수 있는 이 풍미! 역시 스테이크로 만들기 제격이라니까."

"그런데 아까 할머니가 처음 보는 물고기라고 했어요. 우리 할머니는 물고기 박사인데……, 대구 맞아요?"

미심쩍은 눈빛을 보내며 내가 묻자, 점장님이 홀로그램을 켜고 우리나라 동해와 대서양을 가리키며 대답했다.

"우리나라에 사는 대구랑 대서양에 사는 대구는 조금 다르거든. 우리나라 대구는 태평양 대구라고 하지. 네가 가져온 대구는 대서양 대구라고 불러."

"대서양 대구는 다 이렇게 커요? 할머니랑 시장 가서 본 대구보다 훨씬 커요."

"응. 대서양 대구는 최대 150cm 정도로 자라. 그런데 요즘엔 너무 많이 잡아들여서 그 정도로 큰 대구를 보기는 힘들어. 아주 귀한 생선인데 내가 특별히 공수했지. 옛날 유럽에선 '바다의 빵'이라 불릴 정도로 아주 흔한 생선이었어. 큰 물고기라 말려 먹기도 하고 절여 먹기도 했지."

요리에 열중한 점장님은 대구가 노릇노릇하게 구워지자, 따로 덜어 두고 이번엔 온장고에서 꺼낸 파스타를 볶았다. 그러고는 바구니 안 봉투에서 고추 몇 개를 꺼내 잘게 부수었다. 나는 놀라 소리쳤다.

"저 매운 거 못 먹어요!"

"어허, 페페론치노가 들어가지 않으면 너무 섭섭한 파스타지. 조금 넣어서 별로 안 매워."

"페페? 뭐요? 할머니가 쥐똥고추라고 했는데……."

"하하, 쥐똥고추랑 비슷하게 생기긴 했지. 쥐똥고추는 주로 베트남에서 많이 나오고, 이 페페론치노는 이탈리아의 대표 고추야. 하지만, 그전에 고추란 건 말이지. 대서양이랑 아주 깊은 인연이 있어."

"그게 뭔데요?"

대체 고추와 대서양이 무슨 인연이 있다는 걸까? 혹시 대서양에 고춧가루를 빠뜨렸을까?

점장님은 한 손으론 프라이팬을 흔들면서 다른 손으로 홀로그램을 띄우고 손가락으로 짚으며 말했다.

"자, 여기가 바로 유럽의 서쪽에 있는 대서양, 이곳을 건너가면……, 여기! 바로 아메리카 대륙이지."

"콜럼버스가 대서양을 건너서 아메리카 대륙을 발견한 거잖아요."

"좋았어. 해솔이 너는 상식도 풍부하구나! 아주 훌륭해. 콜럼버스가 아메리카 대륙을 발견하기 전까지 유럽에는 고추가 없었어."

"정말요?"

"심지어 처음에 고추를 들여와서는 독이 들었다고 생각해서 관상용으로만 키웠대. 하지만, 톡 쏘는 매콤한 맛을 결국엔 알아 버렸지. 자, 너도 이제 드디어 그 맛을 느낄 차례야."

'대구 스테이크 토핑을 올린 올리브유 파스타'는 오목한 접시에 담겨 나에게 건네졌다. 포크로 듬뿍 감아올려 돌돌 말아 입안으로 넣었다. 유럽의 남쪽, 지중해의 따뜻한 햇볕을 맞고 자란 밀과 올리브, 대서양에서 잡은 대구, 그리고 아주 먼 옛날 대서양을 건너 유럽으로 온 고추까지⋯⋯. 모든 재료의 맛이 함께 어우러져 감동으로 휘몰아쳤다. 문제 정답을 못맞춰 500포인트를 못 얻은 것만 빼고, 그야말로 맛과 이야기를 다 가진 궁극의 파스타였다.

듀럼밀과 올리브가 자라는 유럽

유럽은 아시아 대륙의 서쪽에 있는 대륙으로, 북쪽은 북극해, 서쪽은 대서양, 남쪽은 지중해와 접해 있어.

유럽 대륙의 남쪽에는 알프스산맥이 있어 높은 산지이고, 중앙은 넓은 평원으로 이루어져 있어. 그런 지리적 특성에 따라 남쪽은 지중해성 기후, 서쪽은 해양성 기후, 북쪽은 냉대 기후 등이 나타나지.

이탈리아, 그리스, 스페인 등 남유럽은 지중해성 기후를 바탕으로 농업이 발달했어. 올리브, 포도, 오렌지 같은 과일나무 재배가 활발해. 물론 듀럼밀도 빼놓을 수 없지.

산업 혁명의 발상지인 영국, 프랑스, 독일 등이 있는 서유럽은 일찍부터 정치와 경제가 안정되어 있고 산업이 발달했어. 의료 시설이나 사회 복지 제도도 잘 갖추어져 있어.

유럽의 북쪽인 스칸디나비아반도와 그 주변에 자리 잡은 스웨덴, 노르웨이, 핀란드, 덴마크 등은 북유럽으로 분류해. 생활 수준이 높고 복지 제도가 잘 발달해 있지.

▲ 유럽 연합 깃발

폴란드, 루마니아, 헝가리 등과 같은 동유럽은 제2차 세계 대전 이후 사회주의 정부가 들어섰지. 하지만 구소련의 붕괴 이후, 시장 경제 제도를 받아들여 경제 발전에 노력하고 있어.

1994년부터 유럽은 '유럽 연합(EU)'이라는 공동체를 만들어서 경제적, 정치적인 통합을 이루어 나가고 있어. 영국, 스위스 등 몇몇 나라는 가입하지 않았지만, EU에 가입한 나라는 '유로'라는 화폐를 쓰고, 법과 정책, 정치와 사회 분야까지 긴밀한 협력을 하고 있지.

역사적으로 중요한 의미를 가진 대서양

대서양은 유럽 대륙의 서쪽에 있어서 붙은 이름이야. 유럽과 아프리카 대륙의 서쪽이면서, 아메리카 대륙의 동쪽에 위치하지.

대서양은 북반구와 남반구의 바다 전체를 통틀어서 의미하기 때문에, 지구 표면의 약 5분의 1을 차지하는 세계에서 두 번째로 큰 대양이야. 적도를 기준으로 북대서양, 남대서양으로 나눠 부르기도 해.

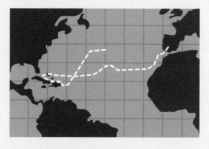

콜럼버스가 대서양을 건너 아메리카 대륙을 발견한 후부터 유럽, 아프리카 대륙과 아메리카 대륙이 교류할 수 있었던 항로였기에 역사적으로 아주 중요한 의미를 가져.

대서양에는 수산 자원도 아주 풍부해. 세계 14개 주요 어장 중 6개의 어장이 대서양에 있지. 대서양의 북동쪽은 청어, 가자미가 남대서양에선 다랑어, 대구 등이 많이 잡혀.

광물 자원도 많이 묻혀 있고, 석유와 천연가스도 풍부해. '바닷속의 검은 황금'이라 부르는 '망간'도 많이 있어.

파스타 재료는 어디에서 왔을까?

파스타는 물과 밀가루를 사용하여 만드는 이탈리아 국수 요리를 통틀어 부르는 말이야. 파스타 면은 다양한 밀의 종류 중에서도 듀럼밀로 만들어. 듀럼은 라틴어로 '딱딱하다'는 뜻인데, 밀의 종류 중에서 가장 딱딱한 종이지. 파스타밀, 마카로니밀이라고도 부르기도 해.

듀럼밀은 기원전 7,000년 전부터 유럽 중부와 동부 지역에서 중요한 식량 자원이었어. 뜨거운 온도와 가뭄이 있어도 잘 자라서 이탈리아, 프랑스, 튀르키예, 그리스 같은 중남부 유럽은 물론이고 모로코, 튀니지, 알제리와 같은 아랍권과 캐나다, 미국 등 북아메리카에서도 재배되고 있어.

파스타의 나라 이탈리아는 세계 듀럼밀 생산의 약 15%를 책임지고 있대.

올리브유 재료는 어디에서 왔을까?

 파스타를 만들 때 꼭 필요한 재료이자, 다양한 요리에 쓰이는 올리브유는 올리브나무 열매에서 짜낸 기름이야. 올리브나무가 잘 자라는 기후를 올리브 기후라 부를 정도로 특정 기후에서만 잘 자랄 수 있지.

식물이 살 수 있는 최소한의 기후 조건을 기후 한계 또는 기상 한계라고 불러. 올리브의 기후 한계는 가장 따뜻한 달의 월평균 기온이 22~28℃, 가장 추운 달의 월평균 기온이 2℃ 이상이 되고, 여름에는 건조하고 늦가을부터 이른 봄까지 비가 많이 내려 연 강수량이 500~750mm인 기후를 뜻해. 이런 기후를 가진 지역은 프랑스, 스페인, 이탈리아 등 지중해 연안과 미국 서부 캘리포니아 등이 있어. 그중에 이탈리아와 스페인, 그리스가 세계 올리브 생산량의 77%를 차지하고 있지.

유럽과 대서양, 지금은 어때?

유럽 역시 기후 위기로 인해 몸살을 앓고 있어. 기후 변화 속에 폭염과 가뭄, 폭우와 폭설이 잦아지고 있지.

2024년 6월, 그리스에서는 아테네의 명소 아크로폴리스를 정오부터 오후 5시까지 폐쇄하기로 했어. 바로 폭염 때문이야. 초등학교 휴교령을 내리는가 하면 재택근무를 권장하기도 했대. 뜨겁고 건조한 날씨가 이어지면서 산불도 자주 일어났어.

▲ 그리스 자킨토스의 야간 산불

이런 기후 변화는 올리브 등 작물이 자라는 데도 큰 영향을 줬어.

세계 올리브유의 절반을 생산하는 스페인의 경우 2022년과 2023년에 2년 연속으로 가뭄에 시달리면서 생산량이 절반으로 줄어 버렸어. 그 바람에 가격도 두 배 이상 올라 버렸지.

대서양 역시 무서운 전망이 더해지고 있어. 대서양 해수를 순환시키는 '대서양 자오선 역전 순환'이란 현상이 100년 안에 사라질 수 있단 연구 결과가 나왔거든.

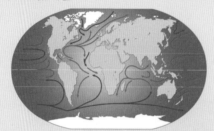

대서양 자오선 역전 순환이란 적도 근처의 따뜻한 바닷물이 북극권으로 흐르고 북쪽에서 차가워진 바닷물이 심해로 가라앉아 다시 적도로 내려오는 대서양의 해류를 뜻해. 따

▲ 대서양 자오선 역전 순환

뜻한 물에서 차가운 물로 도는 바다 순환은 열과 이산화탄소를 고루 나눠 줘서 지구가 너무 뜨겁지도, 너무 차갑지도 않게 조절하는 역할을 했지.

그런데, 지구가 따뜻해지면서 북극의 빙하가 녹아 차가운 바닷물이 순환하는 걸 방해하고 있어. 해류 순환 속도는 이미 점점 느려지고 있어서 1950년 이후로 15%나 감소했대. 예측대로 대서양 자오선 역전 순환이 제대로 이뤄지지 않으면 전 세계의 기후는 훨씬 더 불규칙하게 변할 거야.

대구 이야기

　　대서양 대구는 대서양 북부의 차가운 물에서 살아. 일반적으로 깊은 바다에 살면서 수천 마리씩 무리 지어 헤엄치지. 우리나라 근처에 사는 대구와 달리 최대 길이가 1.5m 정도로 아주 큰 생선이야. 살에 기름기가 없어, 말려서 보존하기 쉬워서 대구 가공 산업이 활발했지. 한때는 대서양에서 대구가 엄청나게 많이 잡히고, 많이 먹었기 때문에 '바다의 빵'이라는 표현까지 썼어.

　　중요한 식량 자원이었기에 대구의 어획권을 두고 1958년부터 1976년까지 아이슬란드와 영국 사이에서 '대구 전쟁'이라 부르는 군사적 충돌이 벌어지기도 했어.

　　인기가 많다 보니 대구를 너무 많이 잡아들여서 대서양에는 대구의 개체수가 많이 줄어들어 버렸고, 이젠 멸종 위기에 처한 물고기 중 하나야.

    대서양과 가까운 포르투갈 사람들은 대구를 무척 좋아해서 천 가지 이상의 요리법을 갖고 있대. 주로 '바깔라우(bacalhau)'라고 불리는 말리고 절인 대구를 먹어. '꿈을 먹고 살고, 바깔라우를 먹고 생존한다'라는 말이 있을 정도야.

    대서양과 닿은 나라 영국에서도 대구 요리를 즐겨 먹어. 영국의 대표 음식인 '피시앤칩스'는 대구 튀김과 감자 튀김을 함께 먹는 요리야.

올리브와 파스타 이야기

이탈리아 사람들은 전 세계에서 가장 많이 파스타를 먹어. 일 년 동안 한 사람이 먹는 파스타 양이 23kg이나 된대.

파스타는 의외로 다이어트에 좋은 음식이래. 파스타 면의 주재료인 듀럼밀은 다른 곡식에 비해 단백질 함량이 높기 때문이야. 듀럼밀의 단백질 함량은 중량의 13~16%로, 쌀의 약 2배에 해당하는 수치지.

이탈리아에는 무려 300가지가 넘는 파스타 면이 있어.

1.5~1.9㎜ 굵기로 우리나라 소면 국수처럼 가늘고 긴 '스파게티', 녀비가 5~8㎜ 정도 되는 이탈리아식 칼국수 '탈리아텔레', 스프링처럼 말린 모양의 숏파스타 '푸실리', 원통형으로 구멍이 뚫린 '펜네', 넓적한 손수건 같은 '라자냐', 나비 모양으로 생긴 '파르팔레' 등이 대표적이야.

올리브나무는 인류가 대량 재배를 시작한 최초의 과일나무래. 올리브나무의 평균 수명은 500년 정도고, 길게는 천 년 넘게 사는 올리브나무도 있어. 오래된 올리브나무에 열리는 올리브가 더 좋다는 소문도 있지만, 꼭 그런 건 아니래.

다섯 번째

지구 반대편까지 가서 만난
콘치즈 불꼬꼬볶음면

대륙 5 **남아메리카**

수업이 끝나고 늘 그래왔던 것처럼 자연스레 GG편의점으로 향했다. 어느 날 갑자기 나타난 이 이상야릇한 편의점 덕분에 믿기지 않는 놀라운 일들의 연속이다. 아, 물론 세계 곳곳의 재미있는 지리 이야기를 알게 되는 것도 의외로 재밌다. 오늘은 어떤 상품을 주문해 볼까?

"어서 오세요. 지리에 살고, 지리에 죽는, 지리에 푹 빠진 자! 지덕희가 운영하는 GG편의점입니다. 오늘은 어떤 상품을 주문하시겠어요?"

"어색하게 왜 존댓말을 하고 그러세요?"

"손님 대접 좀 해 줬더니 어색하니? 그럼 말고……. 자, 해솔아, 어서 골라 봐. 참고로 오늘 주문하게 되면 주문 포인트와 아프리카에서 맞춘 퀴즈 포인트까지 모아 보면 네 포인트는 딱 1,000점이야. 또 여행을 떠날 수 있단 얘기지."

"정말요? 그럼 이왕이면 우리나라에서 제일 먼 곳까지 가 볼래요. 비밀의 문으로 여행하면 비행기 오래 안 타도 되잖아요."

"비밀의 문은 그러라고 만든 게 아닌데……. 하긴, 먼 곳을 가는 게 이득이겠지? 자 이걸 봐."

점장님이 둥그런 지구본 홀로그램을 띄웠다. 그리고 우리나라를 찾아 손가락으로 짚은 다음 지구 중심을 뚫어 반대편까지 쭉 선을 그었다. 그러니까 우리나라 정반대에 위치한 곳이다. 점장님의 손끝이 머문 곳에는 '우루과이'라고 쓰여 있었다.

"우루과이? 처음 들어 보는 나라네요."

"우루과이는 남아메리카의 남동부에 있는 나라야. 월드컵에서 우리나라와 경기한 적도 있는데 몰랐구나?"

"아, 그렇게 들으니까 좀 알 것도 같네요. 그러면 오늘은 무조건 남아메리카 대륙으로 가야겠어요. 우리나라에서 제일 먼 대륙으로!"

"좋은 생각이야."

점장님이 출입문 바로 옆 매대 쪽으로 다가서자, 간판에 불이 들어오며 **남아메리카** 간판이 모습을 드러냈다.

점장님이 상품들을 살펴보더니 아련한 표정으로 말했다.

"남아메리카 상품들을 보니 그리운 사람이 생각나네. 내 사랑 알레한드로, 보고 싶다아."

"알레한드로가 전 남친이에요?"

"전 남친이라니! 우리는 지구 반대편에 있지만, 마음만은 딱 붙어 있는 닭살 커플이거든?"

"하핫, 죄송해요. 그런데 비밀의 문으로 들어가면 언제라도 남자 친구를 만날 수 있는 거 아녜요?"

"나라고 늘 아무 때나 들어갈 수 있는 게 아니라고. 손님이 모은 포인트가 천 점을 넘어야만 문이 열린단 말야. 그래서 나도 해솔이 네가 포인트를 어서 모으길 누구보다 기대하고 있었어."

"그럼, 일단 상품을 골라야 하는데……."

나는 남아메리카 매대를 슬쩍 둘러보았다. 둥글둥글한 감자와 그 감자로 만든 감자 과자, 포대 자루에 담긴 설탕과 그 설탕으로 만든 알록달록 사탕들, 그리고 노란 알갱이가 꽉 찬 옥수수와 그 옥수수로 만든 콘치즈도 있었다. 콘치즈를 본 순간, 유튜브서 본 레시피가 생각났다. 불꼬꼬볶음면 위에 옥수수 콘과 마요네즈를 섞고, 치즈를 듬뿍 뿌려 전자레인지에 돌리면 치즈가 죽 늘어나면서 옥수수알이 톡톡 씹히고, 정말 맛있다는 후기를 본 적 있다. 생각만 해도 침이 고였다.

"저 콘치즈 주문할게요. 불꼬꼬볶음면도 같이요."

점장님은 흐뭇한 표정을 짓더니 콘치즈와 불꼬꼬볶음면을 들고 바코드를 찍었다. 점장님 뒤편의 문이 벌컥 열리더니 눈도 못 뜰 만큼 환한 빛이 쏟아져 나왔다.

"해솔아, 어서 와. 콘치즈 먹으러 가야지."

"벌써 여행을 떠나요?"

점장님은 고개를 끄덕였다. 나는 점장님이 내민 손을 덥석 잡고 조심조심 문 안쪽으로 한 발을 내디뎠다.

"자. 이제 눈을 감아. 하나, 둘, 셋."

눈을 뜨기 전에 느껴진 건 서늘한 한기였다. 그러나 그보다 더한 문제는 두통이었다. 문을 통과하자마자 바로 두통이 찾아온 거다.

"아악, 점장님 머리가 너무 아파요."

머리가 깨질 듯이 아파 눈을 찡그리며 마주한 건 드넓게 펼쳐진 산이었다. 산꼭대기도 보이고 아래도 까마득하게 내려다보이는 산 중턱쯤이었다. 내 등 뒤로 넓게 펼쳐진 옥수수밭이 있었다. 하지만, 풍경 따위가 중요한 게 아니었다.

"으악, 점장님. 속이 안 좋아요. 토할 것 같아요."

계속 소리치는데도 아무 대답도 없었다. 고개를 들어 보니 점장님이 내 옆에 없었다. 정신이 퍼뜩 들었다. 여기가 어딘지도 모르고, 알 수 없는 경로로 찾아왔는데 그 비밀을 아는 유일한 사람이 사라졌다고? 황급히 두리번댔다. 옥수수밭 사이에 휘날리는 긴 머리가 보인다. 점장님이 분명했다. 그런데 점장님 손을 다정하게 잡은 남자가 보였다.

"점장님!"

나는 있는 힘껏 소리쳤다. 그제야 내 목소리를 들은 점장님이 나에게 왔다. 남자도 함께였다. 다 쓰러져 가는 나를 앉히고 내 이마를 짚으며 점장님이 물었다.

"왜 그래? 어디 아파?"

"머리가 핑핑 돌고, 숨도 못 쉬겠고, 걷지도 못하겠어요."

"헉, 고산병인가 보다. 일단 이걸 좀 마셔 봐."

점장님은 나에게 기다란 통을 건넸다.

"산소야. 입에 대고 쭉 들이마셔. 좀 괜찮아질 거야. 여기 약도 좀 먹고."

약을 먹고 산소를 마시니 조금 나아졌다.

'하지만, 그래도 아파. 여기가 어디지? 어떻게 이런 곳에서 사람이 살 수 있지? 저 둘은 왜 멀쩡한 건데?'

내 속마음을 듣기라도 한 듯 점장님이 말했다.

"이곳은 남아메리카 페루의 고산 지대야. 높은 지대에 갑자기 올라가면 생기는 고산병은 사람마다 다르게 나타날 수 있어. 나는 여행을 많이 다니면서 단련이 됐고, 알레한드로는 태어날 때부터 여기 살았으니까. 아 참, 내 사랑 알레한드로를 소개 안 했지?"

정말 점장님의 남자 친구? 세상에! 더듬더듬 인사를 건넸다.

"안녕하세요. 헬로우."

"안녕하세요."

"어? 한국말 할 줄 알아요?"

"조금."

점장님이 끼어들며 말했다.

"날 너무 사랑해서 한국말도 배웠지 뭐야."

점장님의 느끼한 말에 반응할 기운도 없었다. 머리가 깨질 듯한 이 곳을 빨리 빠져나가려면 이곳의 지리 정보를 어서 듣는 수밖에 없다. 나는 산소를 다시 한번 들이마시며 물었다.

"쓰읍, 근데 대체 이곳이랑 콘치즈가 무슨 상관인 건데요."

"어머! 내 정신 좀 봐. 우리 콘치즈 때문에 왔던 거지."

알레한드로가 끼어들었다.

"정확히는 옥수수 덕분에 온 거잖아. 바로 이거."

알레한드로가 가방에서 탐스러운 옥수수를 꺼냈다. 갓 구워 온 듯 아직 김이 폴폴 나고 있었다. 알레한드로는 옥수수를 반으로 똑 부러 트리더니 점장님께 먼저 건넸다. 내게도 남은 반쪽을 주었다. 앞니를 토끼처럼 내밀고 옥수수를 한 입 먹었다. 우아! 아픈 와중에도 정말 맛 있는 옥수수라는 건 알겠다. 점장님도 옥수수를 먹으며 말을 이었다.

"옥수수는 바로 여기 남아메리카 안데스산맥의 고원이 원산지거든. 안데스산맥은 남아메리카의 서쪽에 남북으로 길게 뻗은 세계에서 가 장 긴 산맥이지. 고도가 높으면 기온이 낮아지고, 기온 변화가 적어지 는 고산 기후가 나타나. 좀 쌀쌀하지?"

그 말을 들은 알레한드로가 가방에서 점퍼를 꺼내더니 점장님께 건 넸다. 점장님은 자기가 입는 대신 나에게 점퍼를 걸쳐 주었다. 덕분에 두통도 거의 사라지고 안도감이 들었다. 이제야 이야기를 제대로 들을 기운이 생겼다.

"남아메리카는 더운 곳이 많은 줄 알았어요. 책이나 영상에서 보면 사람들의 옷차림도 가볍고 엄청 더워 보였거든요."

"맞아. 남아메리카는 열대 기후인 곳이 많아. 그런데 고도가 높은 곳은 이렇게 서늘해. 그 이유는 고도가 100m 높아질수록 기온은 0.6도씩 내려가기 때문이야."

"높이에 따라서 날씨가 다른 게 신기해요. 그러면 같은 아파트 1층이랑 꼭대기 층도 기온 차이가 있나요?"

"오, 예리한 질문인데? 이론상으론 그렇지만, 주변 환경과 햇빛 방향 등에 영향을 받기 때문에 꼭 그렇지는 않아. 아파트 한층 높이가 3m 정도 되니까 적어도 34층은 넘겨야 고도가 100m 정도 되는데, 요즘엔 50층짜리 초고층 아파트도 많으니까, 그런 데라면 아래층보단 높은 층이 조금 더 추울지도 모르겠어."

"그렇군요. 그런데 옥수수는 이런 서늘한 고산 기후에서만 잘 자라는 거예요? 우리나라에서도 옥수수를 기르잖아요. 할머니 친구가 농사지은 옥수수를 가져오신 적이 있거든요."

"맞아. 우리나라에서도 옥수수가 잘 자라. 놀랍게도 옥수수는 따뜻해도, 서늘해도, 심지어 땅이 좋지 않아도 비교적 잘 자라는 작물이야. 그래서 이런 고산 지대에서까지 잘 자라. 옥수수는 아주 옛날부터 남아메리카 고원 지대 사람들을 먹여 살린 귀중한 작물이었지."

알레한드로가 이어서 물었다.

"혹시 남아메리카의 고대 문명에 대해 좀 아나요?"

"오, 알레한드로. 이 친구는 이제 겨우 열두 살이라고."

"무시하지 마세요. 저 알아요! 세계 7대 불가사의 중 하나인 잉카 문명이요. 히히, 사실은 만화에서 봤어요."

"맞아요. 바로 이곳 페루가 잉카 문명이 탄생한 곳이에요. 잉카 문명은 15세기부터 16세기 초까지 지금의 페루와 볼리비아 부근의 안데스 산지에 아주 넓은 나라를 세우고 번성했죠."

"잉카, 마야, 아스테카 문명이 아메리카의 3대 문명으로 불리는데 공통점이 있어. 그게 뭔지 한번 맞춰 봐."

"에이 설마, 옥수수?"

"맞아. 중남미에서 번영했던 문명국들은 모두 옥수수 농업을 기초로 발전했단 걸 유물을 통해 알 수 있지."

"옥수수를 농사지어 먹은 사람들이 찬란한 문화를 만들어 냈다……. 오호라, 그렇다면 저도 옥수수를 먹고 잉카인들처럼 똑똑해질래요."

다시 앞니를 톡 내밀고 옥수수를 빠르게 뜯어 먹었다.

"옥수수를 먹어서 똑똑해진 게 아니야. 옥수수는 워낙 척박한 땅에서도 잘 자라니까 적은 일손으로도 많은 양의 수확이 가능했지. 농사가 잘되니까 먹고살 걱정이 없어지고, 여유 시간도 생겨났어. 그러니까 문명까지 발달할 수 있었던 거야."

"그 시절에 적게 일하고, 많이 벌 수 있는 작물이었네요. 그건 그렇고, 불꼬꼬볶음면 재료는 어디 있어요?"

"너는 정말 먹는 데는 진심이구나. 그건 여기 있지."

점장님이 알레한드로의 가방을 뒤지더니 작은 열매를 꺼냈다.

"짠!"

손톱만큼 작지만 위는 둥글고 아래는 뾰족한 모양의 새빨간 이것은 바로…….

"피망? 고추?"

내가 고개를 갸웃거리자, 점장님은 나에게 열매를 건넸다. 코를 대고 쿵쿵 냄새를 맡아 보았다.

"푸헥! 냄새만 맡아도 엄청 매운데요. 고추 맞죠?"

"불꼬꼬볶음면의 매운맛은 뭐니 뭐니 해도 고추에서 나오지. 남아메리카에 왔으니까 이 지역의 대표 고추를 하나 가져와 봤어. 하바네로 고추야. 세계에서 가장 매운 고추로 기네스북에 올라갔지. 하바네로 품종을 비롯한 다양한 고추가 남아메리카가 원산지인 것으로 추측돼. 피클로 많이 먹는 할라페뇨 고추도 남아메리카에서 많이 길러."

"고추도 서늘한 고산 기후에서 잘 자라나요?"

"아니, 고추는 햇빛을 많이 받고 따뜻한 곳이 좋아. 가장 잘 자라는 온도는 20°C에서 30°C 사이야. 남아메리카에서는 고산 지대가 아닌 열대 기후 지역에서 고추를 많이 기르지."

"그렇군요. 고산 기후에선 옥수수, 열대 기후에선 고추. 기억했어요. 그런데요 점장님 저 머리가 다시 아프기 시작했어요. 속도 울렁거리고, 이제 그만 돌아가면 안 될까요?"

"벌써 돌아간다고? 안 돼. 알레한드로랑 그동안 밀린 이야기도 못 나눴는데? 돌아가면 언제 올지 모른단 말이야."

"그럼 저라도 먼저 돌아갈게요, 제발."

"그래. 아프다는데 어쩔 수 없지. 돌아가면 주문한 상품이랑 오늘의 퀴즈가 준비되어 있을 거야. 난 천천히 갈게."

"네, 빨리 보내 주세……."

말이 끝나기도 전에 난 GG편의점으로 돌아왔다. 거짓말처럼 두통이 사라졌다.

카운터 옆 테이블에 먹음직스러운 '콘치즈 불꼬꼬볶음면'이 놓여 있었다. 포크에 돌돌 말아 한 입 먹었다. 신기하게도 안데스 고원에서 자란 옥수수의 맛과 남미의 뜨거운 태양을 맞고 자란 고추 맛이 고스란히 느껴졌다. 쓰읍, 쓰읍 매운맛을 달래며 한 그릇을 다 먹었다.

그러자 그때, 기다렸다는 듯 오늘의 퀴즈가 눈앞에 홀로그램으로 떴다.

◈ GG편의점 퀴즈 5 ◈

전 세계적으로 널리 먹는 식재료 중에는,
남아메리카가 원산지인 작물들이 많이 있습니다.
콜럼버스가 아메리카 대륙을 발견한 이후에야 유럽에 전파됐죠.
다음 중 남아메리카 대륙이 원산지가 아닌 건 무엇일까요?

① 토마토 ② 고추 ③ 쌀
④ 감자 ⑤ 파인애플

음, 일단 고추 이야기는 조금 전에 들었으니까 제외하고, 토마토나 감자도 남아메리카에서 왔다고 들은 것 같아. 그러면 쌀과 파인애플이 남았는데……, 어렵다. 쌀은 동남아시아에서 많이 기른다고 했으니까, 정답은 3번 쌀!

순간 홀로그램에 점장님 얼굴이 뜨며 엄지척을 날렸다.

"축하해. 문단속 잘하고 가. 난 조금만 더 있다 갈게. 알레한드로, 우리 어디 갈까?"

점장님이 데이트할 수 있어서 다행이다. 나는 홀로그램 속 점장님을 향해 힘차게 손을 흔들었다.

"좋은 시간 보내고 오세요."

말은 그렇게 했지만, 혹시 점장님이 돌아오지 않을까 봐 걱정이 되었다. 설마 아무리 사랑이 좋아도 이렇게 멋진 편의점을 버려 두진 않겠지. 이상하게 질투가 났지만 점장님을 믿고 기다리기로 했다.

지구의 허파, 아마존강이 있는 남아메리카

남아메리카는 적도를 기준으로 지구의 남쪽, 남반구에 있어. 서쪽으로 태평양, 동쪽으론 대서양과 닿아 있지. 남아메리카의 서쪽에 남북으로 길게 뻗은 안데스산맥은 세계에서 제일 긴 산맥이야. 동쪽에는 평탄한 고원이 있고 그사이를 가로 질러 세계에서 두 번째로 긴 아마존강이 흘러. 아마존강은 브라질, 베네수엘라, 콜롬비아, 에콰도르, 페루, 볼리비아 등 남아메리카의 여러 개 국가에 걸쳐 있어.

아마존강은 세계 최대 규모의 열대 우림 지대야. 열대 우림은 지구에서 발생한 이산화탄소를 흡수하고 산소를 제공해서 '지구의 허파'라고 부르지. 울창한 숲에서 50만 종이 넘는 동식물들이 살고 있어 생태계의 보물 창고라 부르기도 해.

남아메리카의 대부분은 열대 기후에 속하고, 일부 지역은 온대 기후가 나타나. 같은 나라 안에서도 기후가 다르게 나타나기도 해. 바로 해발 고도에 따른 차이야. 안데스산맥의 높은 지역에는 기온이 낮아지고 기온 변화가 적어지는 고산 기후가 나타나. 예를 들어 남아메리카의 북동쪽에 있는 나라 에콰도르는 열대 기후 지역이지만 에콰도르의 수도인 키토는 고산 지대에 있어서 날씨가 무덥지 않지.

　　남아메리카는 16세기에 들어서면서 유럽 국가의 식민 지배를 받았어. 당시의 영향으로 스페인어와 포르투갈어를 사용하고, 기독교를 믿는 사람이 많아. 식민지 시대에 유럽 사람들과 그들이 데려온 흑인 노예들이 정착하면서 남아메리카는 다양한 인종이 함께 사는 대륙이 되었지.

콘치즈 불꼬꼬볶음면의 재료는
어디에서 왔을까?

옥수수 : 세계 3대 식량 작물은 쌀, 밀, 옥수수야. 우리나라를 비롯한 아시아의 주식인 쌀과 유럽의 주식인 밀만큼 옥수수도 많이 길러. 특히, 옥수수는 가축의 먹이로도 많이 활용해서 중요한 작물이지.

옥수수는 토양을 가리지 않고, 기후에 대한 적응력이 뛰어나서 차고 서늘하고 건조한 기후에서도 잘 자라지. 그래서 고산 기후인 안데스 고원 지대에서도 생산할 수 있어. 하지만, 너무 덥거나 추우면 자랄 수 없어. 연구 결과에 의하면 지구의 평균 온도가 1℃ 상승할 때마다 전 세계 옥수수 생산량의 7.4%가 줄어들 거래. 현재처럼 대기 중 온실 가스 농도가 높은 상태가 계속된다면 21세기 말에는 최대 24%까지 옥수수 생산량이 감소할 거란 분석도 있어.

고추 : 고추는 따뜻한 기후를 좋아하는 고온성 열매 채소야. 햇볕이 잘 들고 물이 잘 빠지는 토양에서 잘 자라지. 씨앗에서 싹이 나기 좋은 온도는 25℃ 내외이고, 잘 자랄 수 있는 온도는 20~30℃ 정도야.

▲ 북부 아르헨티나 산골 마을

남아메리카, 지금은 어때?

남아메리카에선 몇 년 전부터 극심한 가뭄이 자주 찾아오고 있어. 가뭄은 엘니뇨 현상과 기후 변화가 주요 원인으로 꼽히지.

태평양 바닷물이 따뜻해져서 아메리카 대륙 위로 따뜻하고 건조한 공기가 들어오는 현상을 엘니뇨 현상이라 부르는데, 기후 위기로 인해 바닷물이 예전보다 더 따뜻해지면서 엘니뇨가 더 심해지고 있어.

▲ 아마존강 가뭄

가뭄 피해는 특히 아마존강에서 더 심했지. 2023년에는 가뭄으로 인해 아마존강 수위가 100년만에 가장 낮은 수준으로 떨어졌어. 수위가 낮아지고 수온이 올라가면서 멸종 위기에 처한 아마존강돌고래 100마리 이상이 폐사하는 일도 생겼지. 강 수위가 낮은 지역은 보트가 다닐 수 없어 외딴 마을에 식량과 물 공급이 끊기기도 했어.

이런 일은 아마존 지역에 사는 사람만의 문제는 아니야. 아마존은 지구의 허파이기에 아마존 열대 우림의 파괴는 기후 위기를 더 악화시킬 수 있는 문제이기도 해. 또, 남아메리카에서 생산되는 다양한 작물의 생산량이 줄어들면 식량 위기로까지 이어질 수 있지.

옥수수 이야기

• **콘치즈가 한국에서 개발한 음식이란 걸 아니?**

재료는 모두 서양에서 친숙한 재료지만 이렇게 조합한 음식을 대중적으로 먹은 건 한국이 최초래. 그래서 외국인들은 생소하게 느끼기도 하는데, 맛을 보고 반해 버린대. 유튜브나 외국 요리 사이트에서 '코리안 콘치즈'로 레시피를 소개하는 것도 볼 수 있지.

옥수수가 눈에 보이지 않아도 직·간접적으로 포함된 식품은 3,000여 가지나 된대. 그래서 우리도 모르는 사이 옥수수를 먹었을 수 있어. 식용유와 전분을 옥수수로 만들고, 전분으로 만든 과당, 물엿, 올리고당으로 반찬, 과자, 빵 등을 만들기 때문이야.

• **옥수수로 연료를 만든다고?**

옥수수를 활용한 바이오 연료가 개발 중이야. 옥수수 연료는 자동차뿐만 아니라 비행기 연료로도 사용된 적 있어. 2017년에 대한항공 여객기가 미국 시카고 공항에서 인천 공항까지 올 때, 기존 항공유 95%에 옥수수 등에서 뽑아낸 바이오 항공유 5%를 섞은 연료로 비행했지.

• 옥수수로 만든 대표 간식 팝콘의 원리는 ?

옥수수 알갱이 안에는 물과 함께 작은 전분이 들어 있어. 열이 가해지면 알갱의 안의 물이 뜨거워져서 증기로 변하고, 압력을 만들지. 그런데 팝콘 옥수수의 껍질은 매우 단단해서 웬만큼 압력이 높아질 때까지 증기를 안에 가둬 놓을 수 있어. 그러다가 참을 수 없게 되면 '펑' 터져 버리지. 이때 내부의 전분이 빠르게 팽창하면서 부풀어 오르고, 급격히 식으면서 작은 구름 같은 재미있는 모양으로 굳어 버리지. 옥수수 알갱이 안에서 작은 폭발이 일어난다고 생각하면 돼.

모든 옥수수가 다 팝콘이 될 수 있는 건 아니고, 알이 작고 단단하며 껍질이 두꺼운 팝콘 옥수수만 가능해.

고추 이야기

　고추의 원산지는
남아메리카로 추정되는데 5천만 년 전
고추의 화석이 북아메리카에서 발견되기도 했어. 고추가 어떻게 남아메리카
에서 북아메리카까지 갈 수 있었을까? 고추를 멀리 퍼트린 건 바로 새였대.
새들은 매운 맛을 못 느끼기 때문에 고추를 즐겨 먹고
고추씨는 똥으로 배출했지. 새가 배설한 고추씨의 발아율은
70%나 된대. 조금씩 조금씩 북으로 날아간 새 덕분에 고추가
아메리카 대륙 전체에 퍼질 수 있었다는 게 정설이야.
　고추의 매운 맛을 숫자로 표시할 때 흔히 스코빌 지수를 사용해.
고추나 후추 등에 들어 있는 매운 맛 성분인 캡사이신과 피페린 등의
농도를 측정한 거지.

대표적인 고추들의 스코빌 지수를 알아보면, 풋고추는 1,500, 청양고추는 12,000, 페페론치노는 30,000, 하바네로는 무려 350,000야. 세계 1위 스코빌 지수는 페퍼X야. 새롭게 개발한 품종인데, 스코빌 지수가 무려 3,180,000이나 된대. 단독으로 먹으면 절대 안 되고 소스로 만들어서 먹는 것만 가능하대.

여섯 번째

초원이 펼쳐지는 햄버거와
연어 샌드위치

대륙 6 **오세아니아** | 대양 5 **남극해**

남아메리카에서 돌아온 다음 날 GG편의점에 찾아갔지만, 문은 굳게 닫혀 있었다. 문을 똑똑 두드리자 유리문에 안내판이 떴다.

아직 알레한드로와 여행 중인 모양이었다. 아쉬웠지만, GG편의점이 사라지지 않은 것만으로도 안도감이 들었다. 그러는 사이 여름이 지났다. GG편의점이 문을 열었나 확인하는 일도 점점 드물어졌다.

하교 후 교문을 나서는데 아이들이 우르르 몰려가는 모습이 보였다. 무슨 사연인지 궁금해 그 뒤를 따라갔다. 아이들이 둥그렇게 둘러싼 가운데, 바로 지덕희 점장님이 있었다.

"점장님!"

반가운 마음에 소리쳤지만, 몰려든 아이들 때문에 듣지 못한 모양이었다. 그도 그럴 것이 점장님은 양손 한가득 햄버거를 들고 나눠 주고 있었기 때문이다.

"자, GG편의점의 신상 햄버거가 나왔어요. 절벽 꼭대기에 있는 GG 편의점으로 오면 다양한 신상품을 만나 볼 수 있답니다. 저절로 지리 공부도 할 수 있고요."

"공부 싫어요."

"햄버거만 주세요!"

"절벽은 너무 멀어요!"

저마다 한마디씩 하며 햄버거를 받아 간 아이들이 사라지자, 점장님
과 나만 남았다.

"점장님, 여행 잘 다녀오셨어요?"

"아니, 알레한드로랑 헤어지기 싫어서 엄청나게 울었어. 그래서 허
전함을 달래려고 햄버거를 만들었지. 그런데 왜 다들 햄버거만 받고
가 버리는 거지?"

"점장님, 제가 있잖아요. 속상해하지 마세요."

"그래. 너밖에 없다. 잘 지냈니? 가자."

오랜만에 GG편의점에 들어섰다. 6개의 코너 중에 아직 간판 불이
켜지지 않은 곳은 단 한 곳뿐이다.

"오늘은 고르나 마나 이쪽이네요?"

"응. 그리고 아까 애들한테 나눠 준 햄버거도 이 코너 상품이야. 여
기 네 것은 남겨 두었지."

"네. 햄버거 주문할게요."

"연어 샌드위치도 함께 주문에 넣을게. 이건 서비스야."

"저야 감사하죠."

주문이 끝나고 점장님이 손가락을 탁 퉁기자, 마지막 코너의 **오세아니아·남극해** 간판이 켜졌다.

"오세아니아, 이름이 참 예뻐요. 무슨 뜻이에요?"

"오세아니아는 대양을 뜻하는 오션에서 나온 말이야. 태평양 지역의 섬들을 묶어서 부르는 이름이지. 자, 지도를 봐."

점장님이 홀로그램을 띄워 오세아니아의 위치를 보여 줬다.

"오세아니아는 남반구에 자리 잡고 있는데 남극 대륙보다도 작은, 세계에서 가장 작은 대륙이지. 오세아니아는 대륙만 뜻하는 게 아니라, 조금 멀리 떨어져 있는 주변 섬까지 모두 포함해. 여기 봐, 정말 섬들이 많지?"

"다른 대륙과 멀리 떨어져 있는 게, 어쩐지 조금 쓸쓸해 보여요."

"그렇지? 그 대신 오세아니아는 다른 대륙들과 멀리 떨어져 있어서 다른 대륙에는 없는 신기한 동물들이 많아. 오세아니아의 대표 나라인 '호주' 하면 떠오르는 동물이 있지?"

"코알라! 캥거루!"

"맞았어. 코알라와 캥거루는 다른 대륙에는 없어. 날지 못하는 대신 잘 뛰는 거대한 새 에뮤, 너구리 몸에 오리 부리를 한 오리너구리도 오세아니아에만 사는 동물이지."

"그렇군요. 그렇다면 혹시 오늘 제가 주문한 햄버거 고기가……, 설

마 캥거루 고기인가요?"

"캥거루 고기를 먹긴 하지만, 오늘은 쇠고기 패티를 넣어서 햄버거를 만들었는데……, 먹고 싶니? 지금이라도 캥거루 고기로 바꿔 올까?"

"아녜요. 아녜요. 그냥 먹을게요. 그런데 오세아니아와 쇠고기가 무슨 상관이 있나요?"

"그 얘길 하려면 네가 오세아니아로 직접 가서 눈으로 보는 게 딱 좋은데 말야. 어디 보자. 포인트가……, 오늘 주문 포인트까지 해서 600이네? 문제를 맞힌다면 갈 수 있겠다."

"그럼 어서 문제를 내주세요. 오세아니아에 가 보고 싶어요. 꼭 맞힐 거예요."

◈ GG편의점 퀴즈 6 ◈

오세아니아의 대부분을 차지하는 국가 '호주'는
세계에서 몇 번째로 면적이 큰 국가일까요?

① 첫 번째   ② 두 번째   ③ 네 번째
④ 여섯 번째   ⑤ 열 번째

"으아, 이걸 제가 어떻게 알아요?"

"왜 몰라. 그동안 내가 보여 준 지도만 찬찬히 생각해 봐도 알 수 있어."

"일단, 유럽과 아시아에 걸쳐 있는 진짜 큰 나라 '러시아', 러시아가 1등일 것 같고, 북아메리카의 캐나다, 미국도 엄청나게 컸었고, 남아메리카의 브라질도 진짜 컸어. 그렇다면, 여섯 번째 아니면 열 번째일 것 같은데……."

중얼거리면서 점장님 눈치를 계속 살폈다. '여섯 번째'라고 말할 때 미세하게 흔들리는 눈썹을 포착했다. 아, 제발!

"4번, 여섯 번째로 커요!"

"오호, 정답이야. 이리 와. 당장 오세아니아로 떠나자."

몇 번 다녀와 봤다고 내 다리는 알아서 비밀의 문으로 향하고 있었다. 환한 빛을 따라 들어간 후 다시 눈을 떴을 때, 난 끝이 보이지 않는 넓은 초원 한가운데에 서 있었다. 저 멀리에서 무슨 소리가 들렸다. 자

세히 살펴보니 한가로이 풀을 뜯고 있는 소들이 내는 소리였다.

"우아! 농장인가 봐요. 그런데 엄청 넓어요."

"여긴 오세아니아의 91%나 차지하는 나라, 호주야. 호주는 워낙 땅이 넓으니까, 소 농장도 이렇게 크단다. 드넓은 초원에서 소들이 마음껏 뛰어놀며 자랄 수 있어."

"그래서 그런가? 소들이 행복해 보여요."

"다른 대륙과 동떨어져서 그런지, 호주엔 옛날부터 큰 맹수가 없었대. 그래서 소, 양, 염소 등이 위협받지 않고 스트레스 없이 잘 자랐지. 북동부 해안에는 열대 몬순 기후가 주로 나타나서 이렇게 푸른 초원이 펼쳐져 있으니, 목축업이 자연스럽게 발달하게 됐어. 호주는 세계 2위의 쇠고기 수출국이야."

"너무 평화로워요. 힐링이 이런 걸까요?"

"여유 부릴 시간 없어. 다른 곳도 가 보자."

점장님이 날 잡아끌기만 했을 뿐인데, 전혀 다른 풍경이 펼쳐진 곳에 와 버렸다. 모래바람이 거세게 부는 사막 한가운데였다. 집도, 길도, 나무도, 사람도 없었다.

"점장님, 무서워요."

나는 무서워서 점장님 팔에 매달렸다.

"여기는 호주 국토의 35%를 차지하는 아웃백 사막 지역이야. 아까

봤던 푸른 초원과는 딴판이지?"

"완전히 다른 나라 같아요."

"호주는 워낙 넓기 때문에 여러 환경을 볼 수 있어. 북동쪽엔 열대 우림이, 동부에는 산지, 중부에는 평원, 서부에는 고원까지 정말 다양해. 지형에 따라 기후가 다른데, 내륙과 서부는 건조 기후가 넓게 나타나고, 북부는 열대 기후가 나타나. 남동부는 살기 좋은 온대 기후여서 인구 대다수가 이 지역에 살고 있어. 해안선을 따라 도시가 만들어져서, 하늘에서 내려다보면 아마 대륙 중간은 텅 비어 있고, 해안을 따라서 바글바글한 건물과 사람들이 보일 거야."

"아무리 땅이 넓어도 사람이 살기 좋은 기후가 아니면 소용이 없는 거네요."

"맞아. 그래서 호주의 역사는 척박한 땅에서 일군 개척의 역사라 할 수 있지. 그럼, 이번엔 사람이 살기 힘든 쪽으로 한번 가 볼까?"

"싫어요. 저도 살기 좋은 곳에 가서 신나게 여행해 보고 싶다고요. 맨날 엄청 더운 열대 우림 속에 가질 않나. 머리 아픈 고산 지대엘 가지 않나. 여긴 모래바람 부는 사막이고! 이번엔 또 어딜 가려고요!"

"어허, 말이 많다. 그럼 그냥 편의점으로 돌아갈래? 당연히 연어 샌드위치는 못 먹어."

영롱한 자태를 뽐내던 샌드위치가 떠올랐다. 할머니가 만들어 준

적 없는, 내 생에 첫 연어 샌드위치를 포기할 순 없어!

"갈게요. 연어는 어디 있는데요?"

"진작 그럴 것이지. 아! 일단 준비를 좀 해야겠다."

점장님은 내내 메고 있던 배낭을 뒤져, 두툼한 겉옷을 꺼내 건넸다.

"지퍼 끝까지 올려서 단단히 입어. 추운 곳에 갈 거니까."

옷을 여미고 모자를 바로 잡자마자, 서늘한 추위가 찾아왔다. 다시 순식간에 다른 공간이었다.

고요하고 인적이 드문 바닷가였다. 바다에 물을 막아 놓은 곳이 보였고, 그 안에 펄떡펄떡 뛰는 엄청나게 큰 물고기들이 있었다. 감탄이 절로 나왔다.

"우아! 이게 연어예요?"

"연어 중에서도 최고 품질로 인정받는 킹 연어야. 여기는 뉴질랜드의 가장 남쪽에 있는 섬 스튜어트야. 이곳에선 항생제, 성장 촉진제 같은 걸 쓰지 않는 친환경 연어 양식을 하고 있지."

"그만큼 연어 양식을 하기에 적합한가 봐요."

"수질이 깨끗하고, 차가운 수온까지 적당하지. 그리고 무엇보다 남극해와 가까워서 때 묻지 않은 청정 해역인 게 가장 큰 장점이야."

"남극해요? 남극이 가깝다고요?"

"이대로 쭉 남쪽으로 항해한다면 남극 대륙에 닿을 수 있어. 남극해에 사는 고래들은 여름이 끝나면 여기까지 올라와. 그래서 남극 고래도 볼 수 있어."

"그런데 남극에 가까운 것 치고 많이 춥진 않은데요?"

"그건 뉴질랜드 섬 전체가 바다에 둘러싸여 서안 해양성 기후를 띠기 때문이야. 서안 해양성 기후는 바람과 해류의 영향으로 일 년 내내 기온의 차이가 크지 않고, 강수량도 계절마다 큰 차이 없이 고르지. 겨울이 온난하고, 여름도 그다지 덥지 않아서 살기 좋아. 이런 기후는 목초를 기르는 데 아주 유리하지. 그래서 낙농업이 뉴질랜드 최대 산업이 된 거야. 물론 이곳은 북쪽보다는 기온이 낮고, 겨울에는 꽤 춥고 눈도 많이 내려. 지금은 겨울을 지나 봄이니까 좀 쌀쌀하긴 하지만, 그래도 견딜 만하지?"

"우리나라는 가을이었는데, 여긴 봄이네요. 신기해요."

"오세아니아는 남반구니까 우리가 사는 북반구와는 계절이 반대야. 그래서 여행 계획을 짤 땐 잘 따져 봐야 해. 어? 미스터 올리버, 하우아유?"

점장님이 우리 쪽으로 걸어오는 남자와 반갑게 인사를 나눴다. 남자는 수레에 무언가를 잔뜩 싣고 다가왔다. 점장님이 수레 안을 채운 내용물을 보더니 말했다.

"크릴새우네. 연어 밥인가 보다."

"새우요? 연어가 새우를 먹고 자라나 봐요?"

"크릴새우는 이름은 그렇게 부르지만 사실 새우는 아니야. 새우랑 비슷하게 생겼지만, 전혀 다른 생물이거든. 동물성 플랑크톤에 더 가깝다고 분류하지. 크릴새우는 남극에 사는 고래와 펭귄의 식량이기도 하고, 연어들도 아주 좋아하는 먹이지. 크릴새우를 먹은 연어는 선명한 붉은빛을 띠고 영양가도 높다고 해."

올리버 씨가 크릴새우를 연어 양식장에 쏟아부었다. 커다란 연어들이 펄쩍펄쩍 뛰는 모습이 장관이었다.

올리버 씨는 점장님과 대화를 나누고는 손을 흔들며 사라졌다.

"크릴새우의 다른 이름은 남극새우야. 남극해에서만 살거든. 그런데 올리버 씨가 요새 걱정이 많대. 사람들이 크릴새우를 마구 잡는 바람에 남극 생태계가 파괴되고 있거든,"

"크릴새우를 잡아다가 어디에다가 써요?"

"크릴새우에서 추출한 기름이 오메가3야. 영양소가 풍부하다고 해서 영양제로도 많이 만들고, 단백질과 미네랄도 풍부해서 물고기 먹이로도 최고지. 작지만 쓰임새가 많아."

"눈에 잘 보이지도 않던데 영양소가 풍부하다니 신기하네요."

"그리고 무엇보다 중요한 역할은 바로 지구의 온난화를 막는 역할을 한다는 거야. 크릴새우의 먹이는 아주 작은 식물성 플랑크톤인데, 먹이를 먹고 무거워진 몸을 이끌고 깊은 바다로 내려가는 게 크릴새우의 평소 생활이거든. 깊은 바다까지 내려가서 배설물을 내놓지. 그 과정에서 지구 온난화를 더욱 심하게 만드는 탄소를 흡수해서 깊은 바닷속으로 가라앉히는 역할을 해. 아마존 밀림에서 없애는 이산화탄소량과 맞먹을 정도야."

"바다의 탄소 청소부네요."

"작지만 아주 쓰임새가 많은 크릴새우를 보존해야 남극도, 연어도, 지구도 함께 살 수 있겠지?"

"그런데 이제 제 배 속도 좀 살려 주시면 안 될까요? 아까부터 꼬르륵 소리가 났는데 못 들으셨어요?"

"너무 크게 들리더라. 이제 오세아니아와 남극해가 담긴 햄버거와 샌드위치를 먹으러 가자."

점장님이 내 손을 잡고 휙 흔들자, 곧바로 GG편의점 오세아니아 코너 앞으로 돌아왔다.

호주산 쇠고기로 만든 햄버거와 남극해의 킹 연어가 들어간 샌드위치가 차려져 있었다. 오랜만에 만난 점장님이 건네는 최고로 멋진 편의점 음식이었다.

여러 섬으로 이루어진 오세아니아

오세아니아는 호주(오스트레일리아), 뉴질랜드를 포함하여 여러 섬으로 이루어져 있는 대륙이야.

오세아니아는 바다와 섬으로 이루어져서 수산물이 풍부해. 특히 연어 요리는 국민 요리이기도 해.

문화적으로는 크게 오스트레일리아 지역과 태평양 제도 지역으로 나누지.

호주는 중앙부에 건조한 사막이 넓게 펼쳐져 있고, 온화한 기후인 동부의 해안가를 따라 대도시가 많아.

뉴질랜드는 두 개의 큰 섬으로 이루어져 있어. 북섬에는 아직도 활동하는 화산이 있고, 남섬에는 빙하 지형을 확인할 수 있지.

18세기 후반부터 오세아니아가 처음으로 유럽에 알려진 후, 영국, 프랑스 등의 유럽인들이 많이 이주해 왔어. 원래 호주에는 애버리지니, 뉴질랜드에는 마오리라는 원주민이 살고 있었는데 영국의 식민 지배를 받게 되면서 많은 것이 달라졌지. 지금은 원주민이 전체 인구의 1% 정도밖에 되지 않아. 대부분 주민은 백인이고, 영어를 언어로 사용해. 넓게 펼쳐진 목초지가 많아 목축업과 낙농업이 발전할 수 있었어.

▲ 호주 언덕에서 풀을 먹는 앵거스

태평양 제도 문화 지역은 폴리네시아, 멜라네시아, 미크로네시아 지역이 있어. 이 중 멜라네시아 지역의 파푸아뉴기니라는 나라에는 세계에서 두 번째로 큰 섬인 뉴기니 섬이 있지. 테평양 제도 섬 사람들은 어업과 농업을 주로 하며 살았는데 요즘에는 교통이 좋아지고, 관광객들도 많이 늘어나면서 외래 문화를 받아들이며 점차 발전하고 있어.

남극 대륙과 남극해

　남극 대륙은 지구상에서 최남단에 있는 대륙으로 한가운데 남극점이 있어. 가장 추운 곳이고 얼음으로 뒤덮인 대륙이야. 육지가 있어서 바다가 꽁꽁 얼어붙은 북극과는 차이가 있지.

　영국인 선장 윌리엄 스미스가 1819년에 남극에서 북쪽인 사우스셰틀랜드 군도를 발견하면서 세상에 알려지게 됐어.

　남극의 연평균 기온은 영하 49.3℃이고, 동·남부 고원 지대에서는 영하 70℃까지 기온이 내려가고, 지금까지 최고로 추운 온도로는 영하 89.2℃가 관측된 적이 있대. 그러니 식물은 거의 자라지 못해. 남극에는 지난 200만 년 동안 비가 한 번도 오지 않았어. 사하라 사막보다 더 건조해. 그래서 '하얀 사막'이라 부르기도 하지. 남극 대륙 주변을 둘러싼 바다를 남극해라 불러. 남극해에는 바닷물 위에 떠 있는 큰 빙산과 바다의 조류를 따라 이리저리 흘러 다니는 얼음 조각인 유빙이 있지.

▲ 남극에 사는 펭귄

176

▲ 남극 세종 과학기지 전경　　　　　　▲ 남극 장보고 과학기지 준공식
　　ⓒ극지연구소　　　　　　　　　　　　ⓒ극지연구소

　　우리나라는 남극에 세종 과학기지와 장보고 과학기지를 보유하고 있어.

　　남극해는 남극 대륙을 둘러싸고 있는 바다를 가리키는 말이야. 얼음으로 주로 덮여 있어서 남빙양이라고도 해. 2,000년 국제수로기구에서 남으로 위도 65도까지를 남극해라고 정했어. 남극해는 편서풍으로 생겨난 남극 순환 해류가 있어서 다른 바다와 섞이지 않고 단절돼 있어. 깊은 바다보다 수면 쪽의 수온이 낮아서 대체로 수면 아래 150m까지는 생물이 거의 살지 않아.

　　특히, 겨울에는 수면이 눈과 얼음으로 덮여 있지. 여름이 되면 플랑크톤이 생겨나고, 크릴 등 먹이가 풍부해서 고래가 모여들어. 그 밖에 펭귄, 바다표범 등도 극한 환경에 적응해 남극해에 살고 있지.

햄버거의 재료는 어디에서 왔을까?

햄버거의 주 재료는 쇠고기야. 호주는 농지 대부분이 건조한 목초지여서 자연스럽게 축산업이 발달했어. 세계 최대의 양털 생산국이자, 양고기와 쇠고기의 주요 수출국이기도 하지.

18세기 후반에 유럽의 정착민들이 소를 가지고 호주에 들어오면서 본격적으로 호주의 축산업 역사가 시작됐어. 넓은 땅에 소를 풀어 놓고 자유롭게 기르는 방식이 많은데, 이 방식은 적은 인력으로 많은 소를 기를 수 있지. 그래서 더 저렴한 쇠고기를 생산할 수 있어.

최근에 호주산 쇠고기 가격이 점점 더 싸지고 있어. 동태평양 수온이 비정상적으로 올라가는 엘니뇨 현상 때문에 건조한 날씨가 이어졌기 때문이야. 소가 풀을 뜯어야 할 목초지가 타들어 가면서 사육 비용이 치솟았지. 그래서 호주 농가들이 기르던 소를 많이 팔면서 가격이 더 내려가게 됐지.

저렴한 쇠고기를 먹을 수 있어서 당분간 소비자는 좋을 수 있지만, 앞으로 이런 이상 기후가 계속되면 호주의 축산 농가들이 엄청난 타격을 입고, 그 피해가 결국 우리에게도 돌아올지 몰라.

연어 샌드위치 재료는 어디에서 왔을까?

연어는 대표적인 한대성 어류로 주로 북반구의 북쪽인 러시아, 알래스카, 노르웨이 등에 살고 있지. 수온이 차가운 뉴질랜드 남쪽 바다에도 연어가 살 수 있어. 청정한 자연환경에서 자란 뉴질랜드 연어는 빙하수로 키운 연어로 유명해.

연어의 먹이가 되는 크릴새우는 남극해에 주로 살아. 무려 5억 톤 정도가 있는 걸로 추정된대. 크릴새우는 남극에 사는 다양한 고래와 각종 어류, 펭귄, 가마우지 등 남극에 사는 모든 동물의 식량이야.

크릴새우에는 붉은색 색소인 아스타잔틴이 들어 있는데, 이걸 먹은 연어의 살은 붉은빛을 띠게 돼.

연어는 강에서 태어나 바다로 나간 뒤, 새끼를 낳을 때가 되면 바다나 강으로 돌아오는 물고기야. 대서양과 남극해의 연어는 여러 번 태어난 곳으로 돌아갔다가 다시 오는 다회귀어야. 그만큼 생명력도 더 강하지. 자연 개발과 환경 오염으로 인해 강으로 돌아오는 길목이 사라지고 망가지면서 자연산 연어는 점점 줄어들고 있어. 연어가 가진 습성을 이해하고 지키려는 노력을 계속해야만 해. 그래야 바다와 강을 오가며 사는 자연 그대로의 연어도 잘 살 수 있을 거야.

오세아니아, 지금은 어때?

2019년 9월부터 2020년 2월까지 호주에선 엄청난 규모의 산불이 발생했어. 한반도 면적의 85%인 1,860만 헥타르를 태워 그해의 여름을 '검은 여름'이라 부르게 됐지.

호주 산불의 원인으로 여러 가지가 꼽히지만, 기후 변화로 인한 고온 현상과 가뭄 때문이라는 분석이 많아.

문제는 호주의 숲이 타들어 가면서 기후 변화에 더 나쁜 영향을 끼치게 됐단 거야. 산불 연기로 인해 수십㎞ 상공의 대기가 변하고 몇 달 동안 남반구 전체의 오존층 두께가 얇아졌다는 연구 결과가 나왔거든.

오존층은 태양에서 지구에 도달하는 해로운 자외선을 막아 사람과 생태계를 보호하는 중요한 역할을 해. 오존층이 얇아지면 지구의 온도는 더 올라가고 환경 파괴는 더 심각해질 거야.

뉴질랜드 역시 최근 몇 년 동안 화재와 홍수, 폭풍 등으로 큰 손해를 입었어. 그 원인 역시 기후 변화 때문이라 여겨지고 있지. 그래서 앞으로는 위험 지역에 집을 짓지 않는 등 기후 위기에 대응하는 정책을 내놓고 있어. 그중에서도 목장에서 양이나 소가 방귀, 트림 등으로 배출하는 탄소에 세금을 매기는 방안도 검토 중이야.

오세아니아의 폴리네시아 지역에 있는 작은 섬나라 투발루는 해수면 상
승으로 전 세계에서 가장 먼저 사라질 위기에 처했어. 이미 많은 주거지가
침식되고 농사를 짓기 어려워져 전체 인구 5분의 1이 다른 지역으로 이민
을 갔지. 투발루 정부는 국토 전체가 수몰되더라도 국가를 존속하기 위해서
디지털 국가를 만들 계획이래. 지구가 현재 속도대로 계속 뜨거워진다면,
2100년에는 투발루 전체가 물속에 가라앉을 거야.

▲ 호주 산불을 피하는 캥거루

남극해, 지금은 어때?

 지구에서 가장 추운 곳인 남극은 지구 온난화로 인한 변화를 가장 직접적으로 느낄 수 있는 곳이야. 남극 빙하가 녹아내리는 속도가 점점 더 빨라지고, 따뜻한 해류를 막아 주는 빙하 방어벽이 녹아내리고 있어. 남극을 감싼 빙하가 모두 녹으면 지구 해수면이 지금보다 58m는 높아질 거로 전망하고 있어.

 빙하가 녹으면 바다가 탁해지고, 낮은 온도에 사는 식물 플랑크톤도 사라지게 돼. 식물 플랑크톤을 먹고 사는 크릴새우도 제대로 살아남지 못하게 되지. 그러면 크릴새우을 먹이로 하는 다양한 생물들에게도 영향을 미치게 되지. 이렇게 빙하가 녹아내리는 것만으로도 먹이사슬이 깨지게 돼. 빙하가 녹

▲ 남극의 기온 상승으로 녹고 있는 빙하

아내리는 속도가 더 빨라지지 않도록 전 세계가 함께 힘을 합쳐 기후 위기에 대응해야 해.

　남극 빙하는 남극 얼음을 지키는 역할을 하는데 매년 200m씩 줄어들고 있다고 해. 이렇게 줄어들다가는 남극 얼음도 머지않아 모두 녹아 버릴지도 모르는 일이지.

　남극은 점점 기온이 오르고 있다고 해. 남극은 기온이 낮아서 그동안 감기 바이러스가 없었는데 최근에 조류 인플루엔자 변종이 발견되었다고 해. 그렇다면 누가 위험할까? 바로 펭귄들이 지구에서 사라질 수도 있다는 거야. 북극곰이나 펭귄이 공룡처럼 사라져서 책에만 나오는 동물이 된다면? 어때? 정말 심각하지?

　남극은 지구상에서 유일하게 사람이 살지 않는 곳이어서 1959년 12월 1일 남극 조약이 만들어졌어. 남극 조약 내용은 남극의 평화적 이용, 과학 조사와 교류의 허용, 영유권 주장 금지, 군사 행동의 금지 등을 담고 있어. 나라마다 남극을 연구하는 과학 시설이 있는데 우리나라도 남극 조약에 가입하고 세종 과학기지와 장보고 과학기지를 만들었지.

햄버거와 쇠고기 이야기

　햄버거의 기원은 명확하지 않지만, 미국이나 유럽이 아닌 몽골에서 시작되었어. 10세기 초 몽골족은 말을 타고 영토 확장을 했어. 그들은 음식도 말을 타고 먹었대. 몽고족이 즐겨 먹던 건 '말 안장 스테이크'였는데 그게 햄버거의 기원이 되었다는 설이 제일 유력해. 몽골인들은 말고기를 말의 안장과 등 사이에 넣어 육질이 부드러워지면 먹었는데, 이것이 러시아를 거쳐 독일 함부르크에 전파되면서 햄버거의 기본이 되었다고 해. 독일에 전파된 햄버거는 고기를 갈아 향신료로 간을 한 다음 익혀 먹었고, 19세기 미국에서는 구운 빵 사이에 패티와 양파를 넣은 것으로 변형돼 지금까지 사랑받고 있지.

　한국인 1인당 연간 쇠고기 소비량은 점점 증가했어. 우리나라에서 쇠고기 섭취가 늘어난 데에는 한우에 비해 상대적으로 저렴한 수입 쇠고기 영향을 무시하지 못할 거야.

▲ 구운 빵 사이에 넣는 쇠고기 패티

오늘날 햄버거는 세계 곳곳에서 즐겨 먹는 음식
이 되었어. 그래서 햄버거 가격으로 각 나라의 물
가를 비교하고, 그 나라의 경제 상황을 분석하는
방법이 생겨났지. 이걸 '빅맥 지수'라고 부르는데,
세계 여러 나라에 진출한 미국의 햄버거 브랜드 맥도날드의 빅맥 햄버거 가
격을 달러로 환산해서 비교하는 거야. 최근에는 전 세계적으로 햄버거 소비
량이 줄어들면서 예전만큼 이 지수가 쓸모 있지 않다는 의견도 있어.

　지구 온난화로 쇠고기 먹는 것을 줄이거나 비건을 옹호하는 사람들이 점
차 많아지고 있어. 소와 지구 온난화와 무슨 관계냐고? 소는 되새김질을 하
며 먹이를 먹는데 그러면서 메탄이 발생해. 소는 그 메탄을 방귀를 뀌면서
몸 밖으로 배출하는데 바로 이 메탄이 지구 온난화를 가속화하고 있다고 해.

연어 이야기

　눈 밑의 피부가 칙칙하게 변하는 증상인 다크서클을 없애는데 연어가 좋다는 얘기 들어 봤니? 연어에 혈액 순환과 피부 미용에 좋은 오메가3 지방산과 비타민E가 풍부해서 생겨난 말이야. 그래서 연어 추출물을 포함한 화장품이나, 영양제가 많이 개발되고 있지.

　우리가 즐겨 먹는 연어 초밥은 어디서 만들어졌을까? 아마도 초밥이라서 일본을 떠올릴 거야? 하지만 연어 초밥을 만든 곳은 일본이 아니라 노르웨이야.

　노르웨이는 연어 양식에 성공하여 생선회를 즐겨 먹는 일본에 연어를 수출하려는 기대에 부풀었어. 하지만 일본은 연어를 수입하지 않았지. 연어 몸에 있는 고래회충 같은 기생충 때문에 일본에서는 연어를 날로 먹지 않았거든. 그래서 노르웨이는 일본 시장을 공략하기 위해 연어 초밥을 만들었어. 노르웨이는 연어 양식장을 유지하기 위해 엄격한 관리를 하였고, 그 덕분에 많은 사람이 안전하게 연어를 즐겨 먹을 수 있게 되었지. 요즘 우리가 먹는 연어는 대부분 양식 연어야.

하지만 자연산 연어는 회귀를 하는 물고기라 연어의 회귀를 돕는 움직임도 많아. 미국과 캐나다는 연어가 돌아오게 하기 위해 무려 2500㎞가 넘는 강 지류에 건설한 둑과 보를 전부 철거해 버렸고 지금도 계속 작업 중이래. 연어의 자연스러운 삶을 보호하고 지키려는 거야.

모든 코너에 조명이 다 켜진 GG편의점을 한 번 쭉 둘러보았다. 여전히 다양한 상품들이 엉망진창 진열돼 있지만, 이젠 안다. 모두 지리적 특성에 맞게 잘 분류되어 있다는걸.

환하게 조명이 반짝이는 편의점에서 흐뭇한 기분으로 햄버거를 먹다가 문득 불길한 생각이 들어 소름이 돋았다. 오대양 육대륙 모든 코너의 공개가 끝났으니, 이제 GG편의점이 사라지는 건 아닐까? 그렇다면 이렇게 태평하게 햄버거나 먹고 있을 때가 아닌데…….

"점장님! 설마, 코너를 다 열었다고 이 편의점 문 닫는 거 아니죠?"

아시아 코너 매대를 정리하던 지덕희 점장님이 휙 돌아보더니 터덜터덜 다가와서 말했다.

"무슨 말도 안 되는 소리야. 이 가득한 음식들, 상품들, 끝도 없는 재고들이 안 보여? 이거 다 팔 때까지는 절대로 문 못 닫지. 게 다가 아직 알려 주지 못한 지리 지식이 잔뜩 남아 있다고."

"그렇다면 다행이네요. 절대로 사라지면 안 돼요."

"아니다. 계속 이렇게 손님이 없다가는 닫고 싶지 않아도 닫아야 할지도 몰라. 도대체 왜 손님이 이렇게 없는 거야. 그러니까 어서 나가서 영업이라도 좀 해 봐."

"아니, 손님보고 영업하라는 편의점이 어디 있어요?"

점장님과 내가 티격태격하고 있는데, 편의점 문에 달린 종이 울리는 소리가 들렸다.

"오! 두 번째 손님이다!"

점장님이 후다닥 문 앞으로 달려가더니 목소리를 가다듬고 말했다.

"어서 오세요. GG편의점입니다."

이때 "띠링!" 문을 열고 들어온 손님은 내 또래의 여자아이였다. 두리번거리며 우물쭈물하고 있어서 어쩐지 내가 안내해 줘야 할 것 같은 의무감이 들었다. 나름대로 상냥하게 말을 건넸다.

"여기는 GG편의점이라고, 지리에 관한 많은 것을 알 수 있는 편의점인데……."

"나도 알아."

여자아이는 내 말을 댕강 끊어 버리고는 점장님 앞으로 다가서

더니 똘망똘망하게 말했다.

"편의점이 너무 편의를 생각하지 않는 것 아닌가요? 이렇게 절벽 꼭대기에 있으니 어떻게 편리하게 오갈 수 있겠어요?"

손님의 당찬 도발에 잠시 멈칫하던 점장님이 대꾸했다.

"이 정도 수고도 없이 공짜로 상품을 가질 수는 없어. 그건 내 자존심이야."

나도 생각해보니 GG편의점에 와서 돈을 내고 물건을 산 적이 없었다.

"공짜요? 여기 있는 게 진짜로 다 공짜예요?"

여자아이의 표정이 갑자기 돌변했다. 도도하던 태도는 온데간 데없이 사라지고, 금방이라도 편의점 음식을 모두 품절시킬 것처럼 헤벌쭉 입을 벌리고 이리저리 돌아다니기 시작했다.

점장님이 그 애의 어깨를 잡으며 말했다.

"일단 진정하고, 편의점 상품에 관심이 아주 남다른 것 같아서 기대가 되네. 잘됐다. 너희 잠깐 편의점 좀 보고 있을래? 내가 급하게 다녀올 데가 있어서 말이야."

"엥? 도대체 뭐가 잘됐다는 거죠?"

"점장님, 저 아직 설명도 못 들었는데, 어디 가세요?"

점장님은 뒤도 돌아보지 않고 비밀의 문으로 쏙 들어가 버렸다.

나와 두 번째 손님이 편의점에 덜렁 남겨졌다. 황당했지만, 뭐 놀랍지도 않았다. 나는 두 번째 손님에게 한발 다가서며 손을 내밀고 말했다.

"어서 와. 여기는 지리 이야기가 가득한 GG편의점이야. 앞으로도 신기하고 재밌는 일이 벌어질 거야. 기대해."

• 본문 사진 177쪽 ⓒ 극지연구소, 그 외 ⓒ 셔터스톡

1판 1쇄 발행일 2025년 1월 1일

글쓴이 이재은 그린이 왕지성 감수 문경수
펴낸곳 (주)도서출판 북멘토 펴낸이 김태완
부대표 이은아 편집 이상미, 김경란, 조정우 디자인 퍼플트리, 안상준
마케팅 강보람 경영기획 이재희
출판등록 제6-800호(2006. 6. 13.)
주소 03990 서울시 마포구 월드컵북로 6길 69(연남동 567-11) IK빌딩 3층
전화 02-332-4885 팩스 02-6021-4885

🅐 bookmentorbooks.co.kr   ✉ bookmentorbooks@hanmail.net
🅞 bookmentorbooks__   🅑 blog.naver.com/bookmentorbook

ISBN 978-89-6319-623-7 73980

인증유형 공급자 적합성 확인 제조국명 대한민국 사용 연령 8세 이상
KC마크는 이 제품이 공통안전기준에 적합하였음을 의미합니다.
종이에 베이거나 책 모서리에 다치지 않도록 주의하세요.